SHENQIDEYUZHOU

神奇的宇宙

人类家园的客人UFO

张法坤◎编著

中国出版集团
现代出版社

图书在版编目（CIP）数据

人类家园的客人 UFO ／ 张法坤编著 . —北京：现代
出版社，2012.12 （2024.12重印）
　（神奇的宇宙）
　ISBN 978 - 7 - 5143 - 0935 - 5

Ⅰ. ①人… Ⅱ. ①张… Ⅲ. ①飞盘 - 青年读物②飞盘
- 少年读物 Ⅳ. ①V11 - 49

中国版本图书馆 CIP 数据核字（2012）第 275049 号

人类家园的客人 UFO

编　著	张法坤
责任编辑	李　鹏
出版发行	现代出版社
地　址	北京市朝阳区安外安华里 504 号
邮政编码	100011
电　话	010 - 64267325　010 - 64245264（兼传真）
网　址	www. xdcbs. com
电子信箱	xiandai@ cnpitc. com. cn
印　刷	唐山富达印务有限公司
开　本	710mm×1000mm　1/16
印　张	12
版　次	2013 年 1 月第 1 版　2024 年 12 月第 4 次印刷
书　号	ISBN 978 - 7 - 5143 - 0935 - 5
定　价	57.00 元

前　言

UFO 又称飞碟，全称为不明飞行物，是指不明来历、不明结构、不明性质，能以极快的速度飞行在空中的物体。

UFO 这个词最早出现在 20 世纪 50 年代初西方的报刊上，事情的起因是一位叫肯尼恩·阿诺德的美国商人，驾驶私人飞机途经华盛顿雷尼尔上空时，看到 9 个发光的碟形物编队飞行，因飞行物形状如碟，当日的报纸就称此物为"飞碟"。

从 19 世纪以来，世界各地不断出现目击 UFO 的报道和传闻，特别是 20 世纪 50 年代以来，有关 UFO 的事件报道频频出现在世界各类报刊上，在这些报道中，UFO 像幽灵一样出没于地球的领域。

围绕着 UFO，有很多神秘的地方。它来无踪、去无影，速度之快是目前人类飞行器所不能企及的。它频繁出现于地球领空，但没有人知道它什么时候来和来此的目的；它好似无意惊扰人类，却有时似一时兴起作弄起人类；它似乎无所不能，但有时却需要人类的帮助，这些叫人类费解的现象不仅迷惑了最初的发现者，而且相关专家在经过对可靠证据仔细检查后也无法对那些神秘现象做出一个合理的解释，于是，笼罩在 UFO 身上的迷雾更加浓重，一时之间，无声无息、神出鬼没的 UFO 吸引了全世界的关注目光。

人类对神秘的 UFO 以及由它引发的一系列事件，做了力所能及的调查和研究，付出了不懈的努力，但结果不甚理想，所以，时至今日，UFO 之谜仍然是一个待解的谜，虽然一些有关 UFO 的问题已经得到了较为圆满的解决，但是仍有许多谜团需要作进一步的研究和解决，随着科学的快速发展，相信终有一日，UFO 不再是困扰人类的一个谜题。

目 录

外星人与人类的"亲密"接触

人类对 UFO 的研究成果

关于 UFO 的历史记载

　　各种各样的 UFO 传闻让聪慧的人类变得迷茫，一时之间不知道该是信其有，还是信其无。再加上一些道听途说者不负责任的宣扬、渲染，使本就神秘的天外来客更加显得扑朔迷离，但是，当我们翻开浩瀚的古书的时候，发现里面竟然有很多关于不明飞行物的记录，看来这些天外来客由来已久，这些记录无论是在过去还是在现在，都是无法用天文知识和一般常识加以圆满解释的。因此，任何一位坚决否定 UFO 存在的人，面对这些历史记录，都只能闭住了嘴巴。另外，还有许多人曾亲眼目睹过它们，通过这些人的讲述，我们只能确信，UFO 确实存在。

类似"太阳"和"月亮"

　　古代史籍中关于 UFO 形状的描述，多种多样，而其中许多材料都提及它们跟太阳相像。

　　《资治通鉴》："西汉武帝建元二年（公元前 139 年）夏四月，有星如日，夜出。"《汉书·武帝本纪》也有"四月戊申，有日夜出"的记载。《丹铅总录》对此事件特地进行了研究："汉书建元二年有如日夜出，日不夜出，夜出非日也。"

　　可见，古人也都知道晚上出现在天空的一定不是太阳。《后汉书·五行

志》："后汉灵帝建宁元年（公元168年），日数出东方，正赤如血无光，高二丈余，乃有景（影），且入西方，去地二丈亦如之。"这个红色的"日"，因为离地较近，因此才能看见它的影子。

《资治通鉴》："西晋愍帝建兴二年（公元314年）正月辛未，有三日相承，出西方而东行。"此事件在《晋书·愍帝本纪》中也有记述："正月辛未辰时，日陨于地，又有三日相承，出于西方而东行。"《晋书·天文志》："东晋元帝永昌元年（公元322年）十月四日，日出山六七丈，精光暂昧，而色都赤，中有异物，大如鸡子，又有青黑之气共相博击。"《建康志》："梁武帝普通元年（公元520年）九月乙亥，夜有日见东方，光烂如火。"《续通鉴》："宋太祖建隆元年（公元960年）正月癸卯，匡胤军中知星者河中苗训，见日下复有一日，黑光摩荡。"《续通鉴》："宋徽宗宣和七年（公元1125年）十二月庚申，日有五色晕，挟赤黄珥，又有重日相荡摩，久之乃隐。"《金史·天文志》："（公元1231年）三月庚戌酉正，日忽白而失色，乍明乍暗，左右有气似日而无光，与日相凌，而日光四出，摇荡至没。"《续通鉴》："元顺帝至正十六年（公元1356年）三月，有两日相荡。"此事件又被详细记在《乐郊私语》上："元顺帝至正十六年三月，日晡时，天忽昏黄，若有霾雾，市中喧言：天有二日。果见两日交而复开，开而后合。"《湖广通志》："明世宗嘉靖四五年（公元1566年）八月，华容县西，忽天开日斗。"

太阳怎么会互斗呢？"互斗"，说明在太阳旁边又出现了一个新的"太阳"。《四川通志》："万历廿二年（公元1594年）春正月，綦江见日下复有一日，相荡数日乃止。"《明通鉴》："明熹宗天启元年（公元1621年）二月廿二日，辽阳有数日并出，又日交晕，左右有珥，白虹弥天。"天上出现数个太阳，并且"左右有珥"，这个发光体的形状不就是现在大家熟悉的圆盘状中间突出的UFO吗？《海盐县志》："清顺治十年（公元1653年）闰六月廿四日，夜三更，红日出东北方，大如斗。夜半，月始升，灭不见。"三更出太阳？稍微有点常识的人就知道其不可信。显然，这个"太阳"正是一个发光的UFO。

另外，在中国古代史籍中，关于月亮形状的不明飞行物也有诸多描述。

《廿五史天文志》："东汉桓帝延熹八年（公元165年）正月辛巳，月蚀，非其月。"古人早已指明"非其月"，可见不是月亮。那么，它是什么呢？《资治通鉴》："西汉成帝（公元前 32 年）建始元年八月，有两月相承，晨见东方。"《汉书·五行志》："成帝建始元年（公元前 32 年）秋八月，有两月重见。"《唐书·天文志》："唐太宗贞观年间，突厥有三月并见。"

我们都知道，月亮只有一个。因此，既然出现了"两月"甚至"三月"，那么其中必定有像月亮但却绝非月亮的不明物体。《新刊大宋宣和遗事》："宋徽宗政和六年（公元 1116 年）十一月，有星如月，徐徐南行，而落光照人物，与月无异。"《续通鉴》："（公元 1117 年）十二月甲寅朔，有星如月。"《续通鉴》："元顺帝至正十年（公元 1350 年）六月壬子廿九日，有星大如月，入北斗，震声若雷，三日复还。"这些"如月"的星，应该不会是自然的星。《明通鉴》："明英宗正统十四年（公元 1449 年）八月辛未日，月昼见，与日并明。"月亮在白天被看到，这本来并不是什么稀奇的事，但这个"月亮"却和太阳一般的明亮，这就超出了常理。

发光的 UFO

知识点

突厥

突厥是中亚和西亚等民族的主要成分之一。突厥不特指一个民族，而是继承突厥血统民族的总称。人种属于欧罗巴人种和过渡人种（混血种人）。我国的突厥语族全部都是过渡人种，是混血民族，也叫图兰人种。突厥主要分布在土耳其、哈萨克斯坦、塞浦路斯、阿塞拜疆、乌兹别克斯坦、土库曼斯坦、吉尔吉斯斯坦以及我国的新疆和青海地区。其中土耳其、哈萨克斯坦、阿塞拜疆、乌兹别克斯坦、吉尔吉斯斯坦、塞浦路斯、土库曼斯坦是突厥系统国家。

延伸阅读

UFO 的多样类型

依据目击者所看到的飞碟以大小来分类，有小型迷你型飞碟到大型飞碟等各种形状。飞碟如果是外星人所乘坐的飞行器，那么依照用途的不同，而有各种形状、大小的分别。依照目击案例可由大小分类如下：

1. 超小型无人探测机：直径 30 厘米左右较多。小的飞碟会飞进房屋内，在标准大小 UFO 出现前先发现此大小飞碟的情况居多，通常为球型或圆盘型。

在马来西亚也曾发现迷你型 UFO 载有体型小的外星人的报导，所以也不能断定迷你型 UFO 为无人探测机。

2. 小型侦察机：直径在 1~5 米左右，曾有人目击到此大小的飞碟着陆，并由飞碟中走出外星人，外星人并在降落周围进行各项调查。

3. 标准型联络船：直径在 7~10 米以上。以圆盘型居多，是最常见的 UFO，可能是与外太空及地面调查的飞碟互相联络用，地球人被绑架到飞碟的事件，也几乎都是此型飞碟的杰作。

4. 大型母船：直径由几百米到几千米以上大小的飞碟，以圆筒型及圆盘型居多。由几千米到 1~2 万米高度被看到的情况较多，降落在地面的目击案例则没有。

由于有许多目击者指出，有小型或标准型的 UFO 飞进或飞出，因此，此大小的飞碟被认为可能是飞碟的大型母船。

若依外型来区分的话，则飞碟至少可分为 10 种，但为何有这么多形状的原因则尚未明了。代表性的飞碟形状，依目击者的证词指出，UFO 的形状虽有各式各样，但没有看到完全相同形状的例子。

除了上述形状的以外，还有类似直升机形的飞碟。最近并有云状 UFO 或发光体型 UFO 在世界各地出现，假若 UFO 是外星人飞行器的话，那么此形状的飞碟应是最适合宇宙飞行的，所以从事此类研究的人很多。但也有研究人员指出，云状 UFO 可能是圆筒形或圆盘形 UFO 等所排放的云状物，而非 UFO 机体。

偏离轨道的"星星"

在古书中，有很多关于怪星的记录，而其中不少记录根据天文学知识来判断是不可能出现的。在今天看来，它们其实就是 UFO。

古人已知天上有日、月、星三种，并把它们称为"三光"。而星又有最熟悉的五星、流星、客星（超新星）、彗星，等等，其中五星指太白（金星）、荧惑（火星）、岁星（木星）、填星（土星）和辰星（水星），这些星各自都有其运行轨道，是不会乱运行的。然而翻诸史籍，便会发现其中有许多"错行"的星。如：

圆盘状飞碟

《资治通鉴》："汉景帝丙戌年（公元前155年）八月，荧惑逆行守北辰，月出北辰间，岁星逆行天庭中。"《资治通鉴》："汉景帝后元三年（公元前141年）十二月晦，雷，日如紫，五星逆行，守太岁，月贯天庭中。"

在此次事件中，不仅五星逆行，而且"月贯天庭中"（指月球在短时间内横过天空），可见，这应该是一个和月亮差不多大的白色发光体才对。

《汉书·天文志》载："十五年（公元72年）十一月乙丑，太白入月中。"太白金星怎么会脱离自己的轨道跑到月球里呢？

《晋书·惠帝本纪》："永宁元年（公元301年）春正月乙丑，赵王伦篡帝位。丙寅，迁帝于金墉城，号曰太上皇，改金墉为永昌宫。废皇太孙臧为阳王。五星经天，纵横无常。"《资治通鉴》："西晋惠帝永宁元年（公元301年）夏四月，岁星昼见。"

木　星

岁星，即木星，白天怎么会看得到呢？

《资治通鉴》："东晋安帝十一年（公元415年）九月，荧惑出东井（双子座），留守句己，久之乃去。去而复来，乍前乍后，乍左乍右。"

荧惑（火星）有自己固定的轨道，怎么会如此地飞来飞去呢？

《新唐书·天文志》："唐昭宣帝天祐二年（公元905年）三月乙丑，夜中有大星出中天，如五斗器，流至西北，去地十余丈而止，上有星芒，炎如火，赤而黄，长五丈许而蛇行，小星皆动而东南，其陨如雨，少顷没，后有苍白气如竹丛，上冲天，色槽槽。"

《新唐书·天文志》："唐宣帝天祐三年（公元906年）十二月昏，东方有星如太白，自地徐上，行极缓，至中天，如上弦月，乃曲行，顷之分为二。"

这颗由下往上飞起来的如太白的"星"，不仅速度很慢，而且还能一分为二，正是典型的 UFO。《资治通鉴》："后汉隐帝乾祐二年（公元 949 年）四月壬午，太白昼见，民有仰视之者，为逻卒所执，史弘肇腰斩之。"

白天出现金星，有人抬头去看，竟然被抓了起来，而且有人被处以腰斩之刑，这可能吗？

《续通鉴》："宋哲宗元祐二年（公元 1087 年）六月壬寅，有星如瓜出文昌。"

像瓜一样的"星"，是星吗？

《续通鉴》："宋孝宗淳熙十三年（公元 1186 年）八月乙亥朔，日月五星聚轸（乌鸦座）。"

那一天是朔日，而朔日是根本见不到月亮的，可是"日、月、五星"竟然在该日统统汇集在乌鸦座，这是天文学上绝不会出现的天象。

《续通鉴》："宋宁宗嘉定十五年（公元 1222 年）七月乙亥，太白昼见，经天，与日争光。"

金星竟然能在白天与太阳争光？

《续通鉴》："宋帝德祐元年（公元 1275 年）三月丁亥，有二星斗于中天，顷之，一星陨。"

二星相斗，并且其中之一斗败陨落，这和现代因战争导致的飞碟坠毁事件何其相似！

《续通鉴》："元顺帝至正廿四年（公元 1364 年）六月甲辰，河南府有大星夜见南方，光如昼。"同月，又有"癸卯，三星昼见，白气横突其中"的记载。

《明通鉴》："明太祖洪武十八年（公元 1385 年）九月戊寅，太白经天，与荧惑同度，又有客星见太微垣。乙酉，太白复昼见，丁亥又见，犯荧惑。"

太白金星

火　星

金星怎么能横过天空，来到火星处？

《明史》卷廿七："永乐二年（公元1404年）十月庚辰，辇道东南有星如盏，黄色，光润而不行。廿二年九月戊戌，有星见斗宿，大如碗，色黄白，光烛地，有声。如撒沙石。"

这黄色并且还能发出声音的像"盏"和"碗"一样的"星"，究竟是什么呢？

《明通鉴》："明孝宗弘治元年（公元1488年）七月，御史曹上言：'星陨、地震及金、木二星昼见。'"

《廿四史》："明世宗嘉靖廿九年（公元1550年）六月戊申，太白昼见，连日阴雨，凡昼见者七日。"

既然是连日阴雨，那么天上一定有厚云，怎么还能见到金星呢？

知识点

流　星

流星也叫流星体，是指运行在星际空间的宇宙尘粒等细小物体块，它们在接近地球时由于受到地球引力的作用，从而进入地球大气层，并与大气摩擦燃烧而发生了光和热，最后被燃尽成为一束光。流星有单个流星、火流星、流星雨几种。大部分可见的流星体都和沙粒差不多，重量在1克以下，进入大气层的速度在11～72千米/秒之间。流星的主要成分是二氧化硅。

彗星

彗星，我国俗称"扫把星"，是一种星际物质，属于太阳系小天体，由冰冻物质和尘埃组成。彗星大部分的时间运行在离太阳很远的地方，在那里是看不见它们的。只有当它们接近太阳时才能见到。当它靠近太阳时，太阳的热使彗星物质蒸发，在冰核周围形成朦胧的彗发和一条稀薄物质流构成的彗尾。由于太阳风的压力，彗尾总是指向背离太阳的方向。大约有 40 颗彗星公转周期要小于 100 年，因此它们作为同一颗天体会相继出现。历史上第一个被观测到相继出现的彗星是哈雷彗星。

延伸阅读

UFO 的功能

UFO 的功能，从大量资料分析，主要有两个：

一是类似人类太空探测及对外星的实验。如 20 世纪 60 年代在美国和智利的两起飞碟着陆案中，目击者分别发现乘员采集草木和矿石样品。很多的飞碟遭遇者，往往成为人体实验对象。

二是星际移民。乌干达森林中发现的 1 万年前的飞碟外壳上，绘有一些图画：一队瘦高身材的外星人，像出门旅行一样，整装登上宇宙飞船；一些外星人在有金字塔型房子的村落里移动；一些外星人在游玩。这些图画，有的专家认为，显示了外星人把地球殖民地化的情景。

1978 年 6 月 19 日，英国格洛斯特郡的弗朗西斯和他的兄嫂，被飞碟上的外星人劫持，这些外星人给她看了那个星球的影片。影片中展现了三个星球：萨尼亚、萨顿和詹诺斯。因一个核电站爆炸，引起连锁反应，后两个星球被炸毁。幸存者纷纷爬进了基地飞船，转移到外星空间的宇宙飞船，以求在其他星球能寻找一个新家。外星人告诉她：他们来地球的目的也正是为此。

UFO 的古代目击报告

　　尽管对 UFO 的研究是近几十年的事，但关于 UFO 的记载却可以追溯到几千年之前。

　　在梵蒂冈埃及博物馆馆长的收藏物中，人们发现了一张古老的埃及莎草纸，它记录了公元前 1500 年左右，埃及法老图特摩斯三世和他的臣民们目击UFO 群出现的场面：

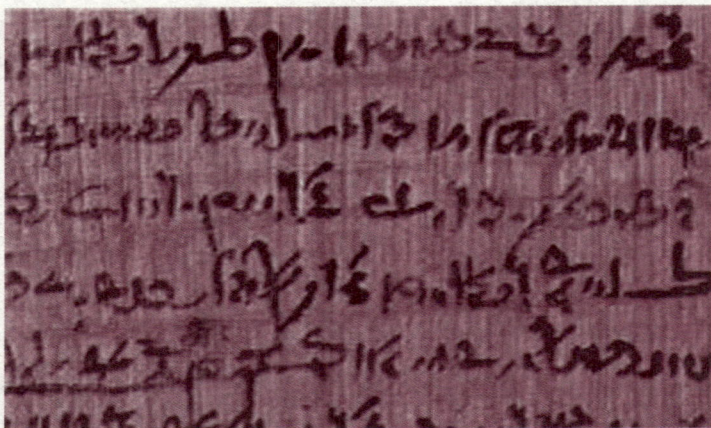

埃及莎草纸

　　"22 年冬季第 3 日 6 时……生命之宫的抄写员看见天上飞来一个火环……它无头，喷出恶臭。火环长一杆，宽一杆，无声无息。抄写员惊惶失措，俯伏在地……他们向法老报告此事。法老下令核查所有生命之宫莎草纸上的记载。数日之后天上出现更多此类物体，其光足以蔽日，并展之天之四维……火环强而有力，法老站于军中，与士兵静观奇景。晚餐之后，火环向南天升腾……法老焚香祷告，祈求平安。并下令将此事记录在生命之宫的史册上以传后世。"

　　这是 UFO 史上第一篇有文字记载的目击报告。

在东晋王嘉的《拾遗记》卷四之中，记载有秦始皇遭遇 UFO 的情景：

"有宛渠之民，乘螺舟而至。舟形似螺，沉行海底，而水不浸入，一名'沦波舟'。其国人长十丈，编鸟兽之毛以蔽形。始皇与之语，及天地初开之时，了如亲睹。"

很明显，这种"形似螺"的"沦波舟"，就是今天所说的飞碟（UFO）。这些外星人乘坐这种水陆两用的交通工具，日行万里，并且对洪荒时代的地球"了如亲睹"。可见，他们很早就曾驾着 UFO 光临过地球。

在唐朝人段成式所撰的《酉阳杂俎》卷一第三八则中，记载着一起大约发生于公元 823 年前后的 UFO 事件：

"长庆（唐穆宗年号）中，八月十五夜，有人玩月，见林中光属天，如匹布，其人寻视之，见一金背虾蟆，疑是月中者，工部员外郎张周封尝说此事，忘人姓名。"此事在《学津》、《津逮》、《稗海》各书中也都有所记载，工部员外郎这位政府高官都在说，可见是一件确实的事。文中用"金背虾蟆"来形容此物的形状，的确和飞碟一样，而且放出的光芒能照天，确确实实是一个发强光的 UFO。

宋神宗熙宁四年（公元 1070 年）十一月三日，著名词人苏轼被调离京师，任命为杭州通判。在上任途中，他来到江苏镇江金山寺游玩，当晚在江边吟诗时，苏轼遭遇到了一个令他难以识别的发光物体，于是便根据自己的所见，写了一首诗，题为《游金山寺》，诗中写道：

苏轼像

是时江月初生魄，二更月落天深黑。

江心似有炬火明，飞焰照山栖鸟惊。

怅然归卧心莫识，非鬼非人竟何物。

江山如此不归山，江神见怪警我顽。

我谢江神岂得已，有田不归如江水。

那是十月初的一天，西天的月牙在二更以前落下去了。在这深黑的夜空里，突然"江心似有炬火明"，作者刚开始见到的是在江面上一个仿佛"炬火"一般明亮的发光体。接着那发光体越来越明亮，而且不断飘动，倏忽之间飞到那边的山林上空。由于光焰眩目，以至山上的"栖鸟"都被惊飞了起来。

读过《石钟山记》的人都知道，苏轼是一个不迷信鬼神、探求真知的人，而且又博学多才。但是，尽管他博学，尽管他善于求根问底，这次却也"怅然归卧心莫识"，怎么也闹不明白这"非人非鬼"的究竟是什么东西，最后，只能解释是江神在向他示警。

苏轼在那天夜晚所发现的"非人非鬼"的发光物体，也许正是我们所讲的 UFO。

下面我们再来看宋代大科学家沈括在《梦溪笔谈》的《异事》篇第 369 条中的记载：

"嘉祐中，扬州有一珠甚大，天晦多见。初出于长县陂泽中，后转入甓社湖，又后乃在新开湖中，凡十余年，居民行人常常见之。余友人在新开湖上，一夜忽见其珠甚近，初微开其房，光自吻中出，如横一金线。俄顷忽张壳，其大如半席，壳中白光如银，珠大如拳，烂然不可正视，十余里间林木皆有影，如初日所照，远处但见天赤如野火。倏然远去，其行如飞，浮于波中，杳杳如日。古有明月之珠，此珠色不类月，荧荧有芒焰，殆类日光。崔伯易尝为《明珠赋》。伯易，高邮人，盖常见之。近岁不复出，不知所往。樊良镇正当珠往来处，行人至此，往往循船数宵以待现，名其亭为'玩珠'。"

沈括是我国历史上一位在天文、物理、地质、医学等多方面有杰出成就的科学家，《梦溪笔谈》是他在一生的最后八年中，弃官隐居在梦溪园（今江苏镇江市东郊）时写成的。他所记载的"扬州明珠"一事，具有如下典型特征：

1. 出没地方广："初出于天长县陂泽中，后转入甓社湖，又后乃在新开湖中。"

2. 目击证人多："凡十余年，居民行人常常见之。"

3. 高科技飞行特征明显：该物体能在湖泽之上"其行如飞""倏然远去"，并且在飞行中悄无声息，可见其动力系统决不是我们现今飞机、火箭所应用的空气动力学原理；另外，该物体还发出大功率的强大光亮，"烂然不可正视"。这个"大如半席"的通体发光物，就是在今天我们也很难制造出来，何况是宋代呢！

毫无疑问，这是一篇客观、细致、生动的 UFO 调查报告。

关于 UFO 的详细记载，历史上还有很多，下面我们再看几个例子。

在宋朝人庞元英所撰的《文昌杂录》

科学家沈括像

中，记有宋神宗元丰年间秘书少监孙莘老遭遇到的不明飞行物事件：

"庄居在高邮新开湖边，一夕阴晦，庄客报湖中珠见，与数人同行小草径中，至水际，见微有光彩，俄而明如月，阴雾中人面相睹。忽见蚌蛤如芦席大，一壳浮水上，一壳如帆状，其疾如风。舟子飞小艇竞逐之，终不可及，既远乃没。"

这是一个在水中出没的 UFO 案例。

宋朝人洪迈所撰的《夷坚志》甲卷十九中有这样的一段记载：

"宋孝宗乾道二年（公元 1166 年），赵清宪赐第在京师府司巷，以暑月不寐，启户纳凉，见月满中庭如昼，方叹曰：'大好月色。'俄廷下渐暗，月痕稍稍缩小，斯须光灭，仰视星斗粲然，而是夕乃晦日，竟不晓为何物光也。"

《夷坚志》壬卷三中，有一篇《夜见光景》的描写：

"临川刘彦立兄弟二人，一夕，屋后松树上圆光如日，高去地二丈余，即之则晦。一个日头忽起，从前山高出三丈，所照草木皆可辨，只比昼间色赤耳，如日夜出，色炎如火，附于地，犬吠逐之，光际地避隐。"

这个在夜间降落于地的 UFO，跟现在我们常见的许多报道非常相似。

明初文学家刘基在 1360 年前后的一个七月十五夜，曾亲眼见过 UFO，并

写了一首《月蚀诗》来记载此事：

"招摇指坤月坚日，大月如盘海中出。不知妖怪从何来，惝恍初惊天眼联。儿童走报开户看，城角咿呜声未卒……"

这个从海中飞出的形状如盘的"大月"，完全符合飞碟现象。

民国时，张瑞初在《西神遗事》中有如下记载：

"是夜，星光满天，却无月色。各人正在险滩，瞥见空中忽起一道圆光，大可亩许。圆光中有一紫一白两种色，此前彼退，此缩彼涨，各人看得眼花。足有五分钟，白光便不见，仅有紫光，在一圆光内渐缩渐小，初如笆，继如斗，如碗，如拳，如指，忽尽灭。众人静坐呆看，其他游客见者，无不惊异万分，议论纷纷，莫衷一是。"

这道所谓的"圆光"，显然就是今天大家已经习以为常了的UFO。

清朝末期，有位民俗画家叫吴友如，他于1884年在上海出版了一本以画册为主的《点石斋画报》，这可以说是中国第一份画报。这份画报是与当时的报纸《申报》随报赠送的，后来集之成册，名为《吴友如画宝》。

在该画册第12集上册之第11页上，有一幅画叫《赤焰腾空》。该画距今已近百年，画面上有许多身着长袍马褂的市民聚集在南京朱雀桥头，仰望高挂在空中的一团火球而议论纷纷。画家在画面上方落款写到：

"九月二十八日，晚间八点钟时，金陵（今南京市）城南，偶忽见火毯（即球）一团，自西向东，型如巨卵，色红而无光，飘荡半空，其行甚缓。维时浮云蔽空，天色昏暗。举头仰视，甚觉分明，立朱雀桥上，翘首跂足者不下数百人。约一炊许渐远渐减。有谓流星过境者，然星之驰也，瞬息即杳。此球自近而远，自有而无，甚属濡滞，则非星驰可知。有谓儿童放天灯者，是夜风暴向北吹，此球转向东去，则非天灯又可知。众口纷纷，穷于推测。有一叟云，是物初起时微觉有声，非静听不觉也，系由南门外腾越而来者。嘻，异矣！"

吴友如的这篇题记，可谓是一篇详细生动的目击报告。火球掠过南京城的时间、地点、目击人数、火球大小、颜色、发光强度、飞行速度以及各种猜测又不得其解，皆有明确记述。一位老人还在它开始出现时，听到微微的响声。

从记载来看，这个飞行物速度不快，温度也不高，因此当人们举头仰视

画作《赤焰腾空》

时，看得也很清楚。它停留的时间比较长，约有一顿饭时间。

这篇报道，不仅画面传神，尤其是所描绘的各色人物，栩栩如生；而且文字简练，评论到位，把"火球"与"流星""天灯"一一比较、判别，显示了作者独特的观察和分析能力。

《赤焰腾空》是我国最早的一幅关于 UFO 的图画，在世界上也是罕见的。此画约作于 1892 年（光绪十八年），在一百多年前，世人尚无飞碟和 UFO 之说法，画家显然未能意识到，这幅《赤焰腾空》图会成为我们今天研究 UFO 的一则珍贵历史资料。

知识点

莎草纸

莎草纸是古埃及人广泛采用的一种书写介质，它用当时盛产于尼罗河三角洲的纸莎草的茎制成。大约在公元前 3000 年，古埃及人就开始使用莎草

纸，并将这种特产出口到古希腊等古代地中海文明的地区，甚至遥远的欧洲内陆和西亚地区。公元9世纪，被从阿拉伯传入的廉价纸张代替。

法 老

　　法老是对古埃及国王的尊称，在古王国时代（约前2686～前2181）仅指王宫，并不涉及国王本身。新王国第十八王朝图特摩斯三世起，开始用于国王自身，并逐渐演变成对国王的一种尊称。第二十二王朝（前945～前730）以后，成为国王的正式头衔。法老作为奴隶制专制君主，掌握全国的军政、司法、宗教大权，其意志就是法律。法老自称是太阳神之子，是神在地上的代理人和化身。

延伸阅读

《圣经》关于 UFO 的记载

　　在《圣经·创世纪》中就有关于 UFO 的记载：

　　"当三十年四月初五日，天就开了，得见神的异象。我（以西结）观看，见狂风从北方刮来，随着有一朵包括闪烁火的大云，周围有光辉，从其中的火内发出好像光耀的精金；又从中显出四个活物的形象来，他们的形状是这样：有人的形象，各有四个脸面、四个翅膀，他们的腿是直的，脚掌好像牛犊之蹄，都灿烂如光明的铜；在四面的翅膀以下有人的手。"

扑朔迷离的 UFO 事件

众多的事实告诉我们，神秘的不明飞行物不止一次光临过地球，拜访过人类，曾经还有多人亲眼见到过那些神秘的不明飞行物。这些光临地球的 UFO 以多种方式向人类显现它神秘的身影，但也有些 UFO 隐藏其身形，秘密行事，它们跟踪飞机，袭击军事设施，在城市上空炫耀盘旋，甚至还攻击人类，制造了一起起引起人类恐慌的事件，政府部门对这些神秘事件进行了力所能及的调查，但处于某些原因，总是对调查结果三缄其口，政府的讳莫如深使得这些事件的真相显得更加扑朔迷离。

远古时期的飞机模型

1969 年 7 月 21 日，一个名叫莫里斯的阿根廷人，将一份上面有着许多见证人并且已获得厄瓜多尔共和国承认的合法地契公诸社会，立刻引起了巨大的轰动。

在这份地契中，讲述了一个令世人难以置信的故事。

地契中最主要的部分说，莫里斯在厄瓜多尔共和国境内摩洛拿圣地亚哥省内的大隧道里发现了一些有着极大文化与历史价值的文物。这些文物主要包括一些石器和金属牌匾，它们形状和颜色各异，上面刻有各种标志和文字。莫里斯请求厄瓜多尔总统成立一个科学委员会来核定、评价这些文物的价值。

　　1972 年 3 月 4 日，由厄瓜多尔考古学家法兰士和马狄维组成的科学调查小组，在莫里斯的带领下，对大隧道展开了调查。

　　隧道入口由一块大岩石凿通而成，几只夜鸟忽然飞出洞口，越发显得阴森恐怖。这个神秘入口，就是大隧道的入口，隧道在厄瓜多尔和秘鲁的地底绵延好几百千米。

　　调查队员钻进了神秘莫测的地下世界。进洞后是一段狭长的通道，伸手不见五指，他们开亮电筒和头盔上的射灯。接着，隧道便垂直往下，他们把一条绳子垂到下面 75 米的第一个平台上，然后沿绳而下。然后，他们又沿绳下到第二平台和第三平台，每台高度都达 75 米。下到洞底，莫里斯领头摸索前进。

　　法兰士注意到，隧道的转角处都是直角形的严谨设计，有些很窄，有些又很宽，所有洞壁都很光滑，洞底非常平坦，很多地方像涂了一种发光颜料。很显然，这个隧道并非是天然形成的。

　　法兰士和马狄维先前对隧道是否存在所持的怀疑，顿时烟消云散。

　　他们来到一个大厅的入口。那个大厅很宽敞，有一个飞机库那么大，很像配给中心或仓库，并有许多通道。

　　法兰士试图用罗盘测量这些通道的方向，但罗盘指针不动。在其中一条通道的入口处，有一副骸骨精心摆放在地上，上面洒满金粉，在调查队员的灯光照射下闪闪发光。

罗　盘

莫里斯、法兰士和马狄维目瞪口呆地站在这个巨大厅堂的中央。

大厅的面积约为 21 000 平方米，中央有一张桌子，桌子的右边放有 7 张椅子。椅子既不像用石头、木材做的，也不像用金属做的，摸上去好像是一种塑胶，但却坚硬沉重得像钢。在 7 张椅子的后面，毫无规律地摆放着许多动物的模型，有蜥蜴、象、狮子、鳄鱼、豹、猴子、美国野牛、狼、蜗牛和螃蟹。令人惊异的是，这些动物都是用纯金做成的。

在桌子的左边，摆放着莫里斯的地契所提及的金属牌匾及金属箔。金属箔仅几毫米厚，65 厘米高，18 厘米宽。

经过仔细检查，法兰士仍无法知道这些牌匾是使用什么材料制造的。那些金属箔看起来很薄、很脆弱，但竖起来却不弯曲。它们像一本对开的书籍那样摆放着，一页连着一页。每块金属箔上都井井有条地排满像用机械轧上去的文字。

据法兰士估计，这些金属箔至少有两三千块，但金属牌匾上的字却无人认识。他认为这间金属图书馆的创立者肯定想把一些重要的资料留传给遥远的未来。因为这个金属图书馆的制作者想让它永久保留。

莫里斯在大厅找到一个石刻，11.43 厘米高，6.35 厘米宽，正面刻着一个身躯为六角形的人，右手握着一个半月，左手则拿着太阳，令人惊奇的是它双脚站在一个地球仪上。这石刻是在公元前 9000 年至公元前 4000 年做成的，难道那时的人就已经知道地球是圆的了？

法兰士拿起一块刻着一头动物的石刻，它有 29.20 厘米高，50.32 厘米宽。画面上所表现的动物有着庞大的身躯，正用它粗大的后腿在地上爬行。法兰士认为石刻画的是一只恐龙。

难道有人曾经见过恐龙？法兰士不敢再想象下去。

还有一块神秘石刻，刻画的是一具男人骨骼。法兰士仔细数了一下，石刻人的肋骨数竟为 12 对，这与我们现在所了解的人体骨骼构造非常吻合。

莫里斯又让法兰士看了一座庙宇的模型，上面绘有几个黑脸孔的人像，头戴帽子，手持一种枪形的东西。在庙宇的圆顶上，还绘有一些人像在空中翱翔或飘浮着。此外，一些穿太空服的人像，更是让法兰士感到不可思议。

一个有着球状鼻子的石刻人，跪在一根石柱下，他头戴一顶遮耳头盔，极像现在我们用的听筒；一对直径 5 厘米的耳环则贴在头盔前面，耳环上钻有 15 个小洞；一条链子围住他的脖子，链子上有个圆形牌子，上面也有许多小孔，很像我们现在的电话键盘。

那些 180 厘米高的石像有的有 3 个脑袋，有的却是 7 个头颅；三角形的牌匾上刻写着不为人知的文字；一些骰子的 6 个面上刻着一些几何图形……这个隧道和它里面收藏着的稀世奇珍，可以说是法兰士他们从未见过的。

没有人知道，这个隧道系统是谁建造的，也没人知道这些稀世奇珍是谁遗留下来的。

据莫里斯讲，这个隧道的入口由一个印第安部落守卫着，这些印第安人和他们的三位酋长都把莫里斯当成可靠的朋友。

每年 3 月 31 日，酋长都要下到隧道的第一个平台进行祈祷。酋长的面颊两边都要贴上一个和隧道口岩石上的记号一样象征吉祥的装饰物。但酋长以外的人却不会进入隧道，他们认为隧道里住着鬼魂。

带着巨大的疑问，调查队沿原路退出了洞穴，赶往位于厄瓜多尔古安加的玛利亚教堂，因为基利斯贝神父收藏着许多来自隧道的珍宝。

在过去的 20 年里，基利斯贝神父从印第安人那里收集到大量石刻、金银制品等。神父带调查队参观了他的收藏室。第一号房间收藏的是石刻；第二号房间是金、铜和其他金属艺术品，据说是印加帝国的；第三号房间则全是纯金制品。

法兰士注意到一块金板，52 厘米高，13 厘米宽，1.3 厘米厚，上面有 56 个方格，每一格都刻有一个不同的人像。法兰士在隧道的金属图书馆里的那块金箔上，曾见过一模一样的人像。看来制造者似乎要用这 56 个符号或字母组成一篇文章。

尤其令人吃惊的是一个纯金制成的女人像。她高 30 厘米，头像两个三角形，背后焊接着一对细小的翅膀，一条螺旋形金线从她耳朵里伸出来。她有着健康、发育完美的胸部，两脚跨立，但无手臂，穿着一条长裤，一个球形物浮立在她的头顶上面。接着，马狄维又看到一只直径 21.25 厘米的铜饼，上面清晰地刻着两条栩栩如生的蠕虫、两个笑着的太阳、一个愁眉苦脸的半月、一颗巨大的星星和两张男性三角形面孔。铜饼中央有许多细小而突出的圆状物，其含义没人能理解。

基利斯贝神父收藏的大量金属箔，上面刻有星星、月亮、太阳和蛇。其中一块金箔的中央刻有一个金字塔，两边各刻有一条蛇，上面有两个太阳，下面是两个怪物及两头像羊的动物，金字塔里面是许多带点的圆圈。

在另一块刻有金字塔的金属箔上，两只美洲豹分别趴在金字塔两边，金字塔底刻着文字，两边可以见到两头大象。据说大象在 1.3 万年前即在南美出现，那时地球上还没有产生文明。

最让法兰士震惊的是，他在基利斯贝神父这里见到了第三架史前黄金模型飞机。第一架他是在哥伦比亚的保华达博物馆见到的，第二架则仍放在大隧道里。

这架模型飞机从几何形的翅膀、流线型的机头及有防风玻璃的驾驶舱看，很像美国的 B52 型轰炸机。

难道，史前便有人能够构想出一架飞机的模型？

美国 B52 轰炸机

众所周知，直到 1903 年，美国的莱特兄弟才制造出了地球上的第一架飞机。

1879 年，英籍考古学家韦斯在埃及东北部荒芜沙漠中的 Abydos 古庙（Abydos temple）遗址内的浮雕壁画中，看见了与今天的飞机形状极其相似的浮雕，以及一系列类似的飞行物体。其中有一幅图案状似现在的直升机，还有的图案状似潜艇或飞船。

1947 年，美国空军的 3 位老兵报告称有 6 个圆盘飞越了加利福尼亚州的卡特兰岛。航空摄影家鲍勃也声称他成功拍摄了其中一个物体。照片的底片可以清晰看到蒸汽机的桅杆。在世界历史中，不少远古民族在发展语言和文字之初，均以壁画记载历史。出现在庙宇中的浮雕，也应该是古埃及人用来记载某一件事或表达某一种意思的。但是，三千年前的人，可以预言到今日的文明产物吗？

在三千年前，即使是外星文明曾经降临过古埃及，当时的人亦未必有直升机和潜艇这些概念。并且，如果壁画内的 "UFO" 是外星人的，又为何会与现代文明的飞机如此相像？

1898 年，有人在埃及一座四千多年前的古墓里发现了一个与现代飞机极为相似的模型。这个模型是用当时古埃及盛产的小无花果树木制成的，有 31.5 克重。因当时人们还没有 "飞机" 这个概念，便把它叫做 "木鸟模型"。这个模型现在放在开罗古物博物馆，编号为 "物种登记" 第 6347 号，放在第 22 室。

1969 年，考古学家卡里尔·米沙博士获得特许进入这个博物馆的古代遗物仓库，发现了许多飞鸟一样的模型。这些飞鸟模型有一个共同特点，即都有鸟足，形状是半人半鸟的，而这个模型除了头有些像鸟外，其他部分都跟现在的单翼飞机差不多：有一对平展的翅膀，一个平卧的机体，尾部还有垂直的尾翼。

4000 年前的飞机模型

　　为了弄清这架飞机模型的本来面目，米沙博士便建议埃及文化部组成特别委员会进行专门调查研究。1971 年 12 月，由考古学家、航空史学家、空气动力学家和飞行员组成的委员会开始了对这架飞机模型的确认研究。经鉴定，许多专家认为，它具有现代飞机的基本特点和性能：机身长 14.2 厘米，两翼是直的，跨度 18.3 厘米，嘴尖长 3.3 厘米，机尾像鱼翅一样垂直，尾翼上有像现代飞机尾部平衡器的装置。尾翼除外形符合空气动力要求外，还带有上反角的特点，使机身有巨大的上升力。机内各部件的比例也很精确。只要稍加推动，还能飞行相当一段距离。

　　专家们断定，这绝不是古埃及工匠给国王制造的玩具，而是经过反复计算和实验的最后成品。后来在埃及其他一些地方，又陆续找到了 14 架这类飞机模型。

　　在南美洲的一些地方，也发现了一些与古埃及飞机模型极为相似的飞机模型。

　　埃及与南美洲之间的飞机模型之间有什么内在联系吗？是埃及人驾机曾经飞到过南美洲吗？古代人是凭借什么手段制造了飞机的呢？

　　如果这些谜都解不开，那么，我们就只好把这些事归结为外星人的杰作了。

知识点

浮 雕

　　浮雕是雕塑与绘画结合的产物。浮雕一般是附属在另一平面上的，因此在建筑上使用更多，用具、器物上也经常可以看到。由于浮雕是用压缩的办法来处理对象的，因此所占空间较小，所以浮雕适用于多种环境的装饰。浮雕所用材质有石头、木头、象牙和金属等。

延伸阅读

南美洲发现的飞机模型

在南美洲一个国家地下约238米深的地方，挖出了一个用黄金铸造的古代飞机模型，跟现代的B52型轰炸机十分相像。据科学家们分析，这架飞机的模型不但设计精巧，而且具有飞行性能。美国纽约研究所的专家们在为这架古代飞机模型作过风洞试验后，绘制了一张技术图纸，这些图纸把古代飞机模型的概貌描绘了出来。1954年，哥伦比亚共和国在美国的博物馆展出过古代金质飞机的模型，后来在南美洲其他国家也陆续发现过这类飞机模型。

不明飞行器遗留的巨图

1938年，一位秘鲁飞行员驾驶着单座螺旋桨飞机，沿着秘鲁的海岸飞行，欣赏着太平洋的波涛与安第斯山脉左侧的风光。飞机飞到濒临大海位于安第斯山脉的高原古城纳斯卡一带地区的时候，突然从距地面约500米的空中发现在古城纳斯卡附近的山谷之中，有一块形状奇特的沙漠，而在沙漠中还纵横交错着像运河一样的白色带状网络。于是，飞行员在一张纸上画下了这块沙漠的图形，它长约60千米，宽约5千米，并且也标明了他所看到的"运河"。

飞行结束之后，这位飞行员来到秘鲁首都利马的民族博物馆，亲自向博物馆馆长讲述了自己的发现，并且把自己画成的这张地图交给了博物馆馆长。

民族博物馆的馆长听完了飞行员的故事以后，根本就不相信会有这么回事儿，因为他知道飞行员所说的那个山谷就是帕尔帕山谷，是纳斯卡高原的一部分，而纳斯卡高原是世界上最干旱的地区之一，一年之中很难下一次雨，有时

俯瞰纳斯卡

候甚至几年都不会下一次雨。至于飞行员所画的那块名叫帕姆帕的沙漠，虽然在当地印第安人语言里的意思是绿茵遍地，但实际上却寸草不生，地面上长年覆盖着一层薄薄的黑褐色的沙砾。因此，博物馆长等飞行员一离去，就吩咐将这张地图存放在古代文书保管所的档案里面，从此以后也就再也没有过问此事了。

1939 年，为了完成关于古代引水系统的博士论文，纽约长岛大学的保罗·科孛克教授来到了民族博物馆，在古代文书保管所的档案里面发现了这张地图，并对此产生了极大的兴趣。他一边看着地图上那些互相交错的线条——有些直线互相平行，有些直线交叉成各种形状的几何图形，除此之外，还有一些弯弯曲曲的线条，一边激动而紧张地思考着：难道这块面积将近 300 平方千米的帕姆帕沙漠，有可能就是早已消失的一块古代绿洲吗？于是，当科孛克教授从博物馆长那里打听到了那位飞行员所说的情况以后，就决定组织一支考察队前往帕姆帕沙漠。

科孛克教授带领着考察队来到帕姆帕沙漠，在灼热阳光的照射下，在黑褐色的沙砾上，他们果然很快就找到了飞行员所说的白色带状的运河。只不过，考察队发现这些所谓的运河仅仅是一些深度在 15 到 20 厘米左右，而宽度不到 10 米的浅沟。有的浅沟弯弯曲曲并不很长，而有的浅沟则笔直一线，但最长的也不过两千来米，因而很难想象在平坦的绿洲上面，会用这样的浅沟来引水灌溉。即使是古代的人们也不会这样做，因为在古埃及的绿洲之中，人们建造的灌溉渠道与现在人们所建造的其实是相差无几的。

那么，这些浅沟到底是什么呢？

考察队接着就开始进行实地测量，以便弄清楚这些浅沟是不是远古灌溉渠道遗留下来的痕迹。

考察队员们手里拿着指南针，一边沿着浅沟前进，一边在地形测量图上记载下每条浅沟的方位及形状。不久，考察队员们就结束了测量，各种各样的浅沟也在测量图上被标示了出来。

科孚克教授拿过所有的测量图一看，不禁大吃一惊，差一点不敢相信自己的眼睛，他立即让考察队员们都过来看一看。

原来，测量图上竟出现了一幅喙部凸出的巨鹰图案！巨鹰的翅膀展开，翼长各约90米，尾部长达40米左右，同时，巨鹰喙部的长度几乎有100米，并且与一条长约1700米的笔直的浅沟连接在一起。

随后，考察队员们又找到了许多白色的浅沟，经过测量以后，发现所有的浅沟都分别构成了一些奇异的图案，比如说有一些浅沟就构成了一幅章鱼的图案，上面还有着8条弯弯曲曲的腕足。于是，科孚克教授决定带着考察队员们乘坐飞机，对大家所发现的古代奇观，来一次空中观赏与考察。

纳斯卡线条

飞机很快就上升到500米的高度，然而，除了黑褐色的沙砾以外，所有的人都没有看到沙漠上有任何的东西，既没有巨鹰和章鱼，也没有其他的图案，甚至连一条浅沟都看不到！自己亲自在地面上找到的东西，竟然会在空中消失，这让整个考察队感到迷惑不解。

如果说是因为飞机飞得

太高，在空中看不见，那么，当年那位飞行员不正是在 500 米的高度发现了白色运河吗？

科孛克教授与其他考察队员商量以后，认为应该继续保持 500 米的高度，在帕姆帕沙漠上空寻找这些失踪的图案。于是，飞机在帕姆帕沙漠的上空继续盘旋。当飞机在帕姆帕沙漠上空兜了几个圈子以后，考察队员们突然看见了那些自己早已在地形图上非常熟悉的图案。

然而，这些图案是什么人"画"的？又是怎样在帕姆帕沙漠上"画"出来的？这些图案的用途何在？科孛克教授和他的考察队员们带着这些疑问离开了帕姆帕沙漠。

正当科孛克教授准备再次对帕姆帕沙漠进行考察，以揭开这些疑问的谜底的时候，第二次世界大战爆发了，考察的计划不得不暂时中止。不过，在第二次世界大战期间，帕姆帕沙漠当地的一位女教师，仍然按照考察队当年所使用的测量方法，独自坚持在帕姆帕沙漠中对浅沟进行考察。

在数年来的考察中，除了又发现了许多笔直的浅沟，以及由这些浅沟形成的圆形和螺旋形图案之外，这位女教师还找到了其他的许多种图案。其中有高达 80 米的卷尾猴，体形在 46 米左右的蜘蛛，几乎长达 180 米的蜥蜴，以及巨大的鱼类、穿山甲、蚂蚁等等图案。同时，这些动物图案每隔几千米，就会以同样的形状和大小重复地出现。

更为重要的是，这位女教师还发现了大得多的人形图案，其中一个人形图案，身躯直立，两手叉腰，高达 620 米；而另一个人形图案虽说没有脑袋，但他的每只手上却有 6 个手指。

自从纳斯卡线被人"发现"后，它的起源及目的对人们一直都是个谜。从那时起，很多专家就致力于解开

纳斯卡猴子线条图像

纳斯卡人形图案

这些沙漠绘画之谜。

当第二次世界大战结束以后，科孛克教授又重返帕姆帕沙漠，看到了女教师的所有发现，再加上自己上次的考察结果，于是开始进行反复地核查。

结果，他发现许多笔直的浅沟保持着由南向北的方向，与指南针的刻度相对照，其精度相差还不到一度。但是，根据当时对古代印第安文化的研究，由于该地区处于南半球，古代的印第安人根本看不到北极星，所以无法进行南北方向的定位。即使在西班牙殖民者到达美洲以后，也没有使用指南针进行大地测量的历史记录。

那么，大量这样的图案集中出现在帕姆帕沙漠这块长方形的地面上，究竟意味着什么呢？

一天下午，科孛克和女教师正一道观察着那幅巨鹰图案时，突然，科孛克发现即将消失在地平线上的太阳所发出的最后的余光，正好和与巨鹰的长喙相连的那条笔直的、长度约1700米的浅沟完全重合，而这一天恰恰是冬至。在半年以后的夏至这天下午，科孛克在巨鹰的长喙旁边，再次看到日落之时的太阳光线与那道笔直的长长的浅沟又完全重合在了

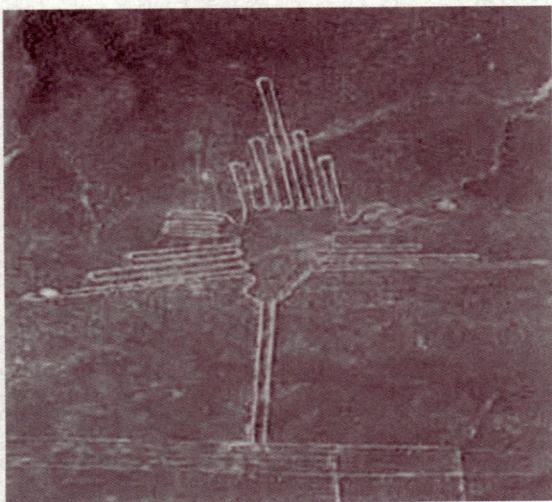

巨鹰图案

一起。由此，科孚克推测帕姆帕沙漠中出现的各种图案与天文现象有关。进一步研究的结果表明，这些图案有可能与星相的运转有着直接的关系，而秘鲁的文物专家梅森教授甚至还说所有的图案有极大的可能是某种宗教中的符号，并且由它们构成了一部历法。

考古学家们在实地考察后，发现这些由线条构成的图案其实是由深褐色表土下显露出来的一层浅色卵石造就的。这些图案是将地表褐色岩层刮掉 3 ~ 4 厘米，露出浅色岩层而形成的，线条平均宽度 10 ~ 20 厘米，有的线条则宽达 10 米。

纳斯卡高原的降雨量很少，每年最多只下半小时雨，有人估计，这里也许已有一万年没有正式下过大雨。正是由于这一特殊条件，荒原上的那些神秘图形才能历时 1500 余年而依然完整无损。

据考察队的专家计算，每砌成一条线条，就需要搬运几吨重的小石头，而图案线条中那精确无误的位置又决定了制作者必须依照精心计算好的设计图才能进行，并复制成原来的图样。而当时的纳斯卡居民尚处于原始社会，那么这些巨画到底是怎样被制作出来的呢？

德国天文学家玛丽亚·赖希小姐认为，古代居民可以先用设计图制作模型，然后把模型分成若干部分，最后按比例把各部分复制在地面上。另一些人认为，这些巨画是按照空中的投影在地面上制作的。这样解释虽能比较直截了当地解决设计和计算的困难，但却引出更多的问题。古代纳斯卡人不可能掌握飞行技术，那么，是谁在空中进行投影呢？

纳斯卡高原地处秘鲁西南部，地理环境极其恶劣，贫瘠而又荒凉，故此才有"纳斯卡荒原"之称。美国航天总署也为这里的恶劣生态环境而震惊，感到它与火星上的环境有些类似，曾一度专门派人研究这个地区，想用它来进行火星生命能否生存的实验。同时，纳斯卡高原上的土著居民的社会发展程度也非常低下，有些领域至今还停留在石器时代。但是，这幅巨画却表现出高度的设计、测量和计算能力，同时也显示出建造者对几何图形的极高的认识程度。这些都与纳斯卡高原现有的社会发展水平形成强烈的反差。

西方不少天文学家推测，"纳斯卡荒原"在古代很可能曾经是"外星人"设在地球上的一个宇宙航空港，扇形场地很可能是一个宇宙机场，而巨画里的

纳斯卡荒原

　　各种神秘的图案可能是远古时代迎接外星人飞碟着陆的导航标记。他们之所以这样认为，是因为根据美国航天飞机拍下的图片，在百万米高的太空中即可看到纳斯卡巨画的线条，而只有从 300 米以上高空才能看清这些巨画的全貌，因此，巨画只能是为从空中向下观看它的人绘制的。

　　而在遥远的古代，有谁能从高空或太空中观看这些巨画呢？显而易见，只有能驾驭飞碟的外星人才有这种能力和必要。

秘鲁一飞机高空俯瞰纳斯卡

如果从古城纳斯卡向海洋的方向望去，就会看见在皮斯科海湾的岸边，一堵巨大的红色岩石峭壁迎着海面高高耸立。在笔直如削的石壁上，还雕刻着一幅高达 270 米的奇特而古老的图案，远远看上去就像是希腊神话中的海神波塞冬手中所持的三叉戟。

峭壁上的这个图案之大，在离海岸 20 千米的海面上就能够看到。当初西班牙人乘船驶入皮斯科海湾的时候，还以为这个类似三叉戟的图案是一个表示三位一体的神圣象征，标志着上帝赐予他们征服异教徒的权力。不过，这只是西班牙人一厢情愿的遐想，因为这一图案在这块巨大的红色岩石峭壁上面早已出现，已不知经历了多少风吹雨打的漫长岁月。

海神波塞冬雕像

其实，只要乘坐飞机在皮斯科海湾与帕姆帕沙漠之间来回地飞上一圈，在皮斯科海湾的上空，就可以看到海岸峭壁上的三叉戟图案中，中间最高那一戟的戟尖，正好不偏不倚地直接指向帕姆帕沙漠方向；而在帕姆帕沙漠的上空，则可以看到长方形的沙漠中，边长较短的那两边，恰恰正对着皮斯科海湾的方向。如果在地图上面用直线将这两个目标连接在一起，便可以看到从峭壁上三叉戟中间那一戟的戟尖，指向沙漠中较短一边的中间。连接这两者之间的直线最短；也就是说，这条由皮斯科方向的戟尖引出的直线，竟然垂直于帕姆帕沙漠方向的短边中心线。

这无疑表明：如果皮斯科海湾峭壁上面的三叉戟具有空中导航的作用，那么，帕姆帕沙漠就将是一个可供飞行器起降的降落场。

只要稍微动一下脑筋，便不难想象，在一个宽度约 5 千米、长度约为 60 千米的巨大降落场中，将要起降的飞行器会是何等的庞大。如果真是这样的话，它也许就只能是天外来客修建的降落场。

也许，天外来客在此降临的时代，距现在已经很久远了，那时候的帕姆帕

RENLEI JIAYUAN DE KEREN UFO

沙漠，还真的是绿茵遍地，而整个帕尔帕山谷，包括纳斯卡高原在内，也还不像现在这样干旱。时过境迁，绿茵遍地的景象早已成为模糊的记忆，仅仅被保留在了语言的命名之中。而现在帕姆帕沙漠上的所有图案，也许正是当年天外来客离开的时候，留下来的关于此次地球之行的种种印象——降落场附近大海中与高原上的各种动物，以及降落场在星际航行中的方位……

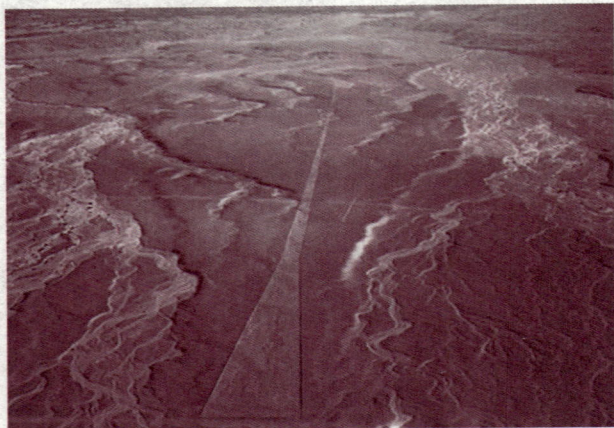

疑似纳斯卡"飞船跑道"

所有这一切都只是可能的也许，现在能够看到的当年的遗留物，就是那个也许曾经是降落场的帕姆帕沙漠。过去的绿茵遍地早已成为遍布黑褐色沙砾的荒原，还有这些各种各样的刚发现不久的图案。

至此，还可以问几个问题，并进行也许算是提供了答案的回答。

为什么帕姆帕沙漠上面黑褐色的沙砾只是那么薄薄的一层？也许这不过是在宇宙飞船不断地起飞和降落的过程中，因飞行器下部发出大量的高热所造成的结果。

为什么留下的图案之中没有植物？也许是因为当时纳斯卡高原的地面上只生长着细小低矮的绿草，而没有高大的树木或可爱的花卉。

为什么两个人形图案存在着差异？也许是用来表示天外来客与地球人之间的发展差距，一个是智力与体力全面发展的，因而两手叉腰地昂首挺立；而另一个则是智力与体力发展不平衡的，因而没有头却多出一个手指。

……

以《众神之车》的作者冯·丹尼肯为代表的一些人认为："这幅巨画是天外来客驾驭飞碟光临地球时在他们的降临地建起的跑道，并且，从这幅巨画中我们可以看出，'跑道'有着明显的起始点和终止点。"

知识点

运 河

运河是用以沟通地区或水域间水运的人工水道，通常与自然水道或其他运河相连。美国密西西比河、哈得孙河与五大湖间均有运河相通。苏联将莫斯科河、伏尔加河、顿河以及里海、黑海、亚速海、白海和波罗的海用运河连接起来，组成了航道网。我国的京杭运河是世界上最长的运河。运河的主要功能是航运，除航运外，还可用于灌溉、分洪、排涝、给水等。

延伸阅读

远古飞行器石刻

在我国云南省昆明市附近，由于一次地震，几块金字塔形的石块从湖底被抛到地面上来，石块上刻着一种纺锤形的机械图形。机械装置正向天空飞去。

在苏联，科学家们发现过一幅半浮雕，画面表现的是一种类似"宇宙飞船"的物体：两根巨大的柱子托着一个方框，框内有10个相互紧挨着的圆，上面还有几个对称分布的小圆。

1913年和1969～1970年间，在尼日利亚的阿伊尔山区发现了许多摩崖石刻。其中一幅石刻上，有一个人物像，他穿着奇特的连衣裤，裤腿肥大，脚蹬飞行员那样的靴子，头戴装有天线的圆盔，胸前悬挂着类似仪器的装置，人像旁边有一飞船模样的飞信器。

遗留在奥罗拉镇的神秘残骸

奥罗拉镇上空 UFO

1897 年 4 月 17 日清晨，美国得克萨斯州奥罗拉镇郊区的沃斯城堡的上空，有人看到一个巨大的银色雪茄型物体飘在空中，然后撞上了普洛克特法官住宅的塔楼，随即发生了爆炸，残骸散落满地。

在残骸中，人们发现了一具身材瘦小、严重变形的生物躯体，当地的报纸称其绝非地球上的生物。后来，人们按照基督教的仪式，把它葬在了当地的墓地中，并将一块小石板放置在墓地上，以表明这里是飞艇上飞行员的墓地。飞行器的残骸被扔到了一口井里。

两天之后，《达拉斯晨报》报道了这一消息。

事发后，许多奥罗拉镇的居民匆忙赶往普洛克特法官家的农场，希望能施以援手。然而，眼前的景象让他们感到非常震惊。据《达拉斯晨报》报道说，飞

UFO 坠毁瞬间

行器里有一个不明物体，说得确切一点，是有一具不明的尸体。这具遗体已经严重变形，从特征来看，他不是地球上的生物。当地的美国陆军通信官，同时也是天文学专家的威姆斯先生发表了自己的意见：飞艇上的飞行员是来自火星的居民。

奥罗拉镇坠毁事件被报道之后不久，目击事件就再也没发生过。

许多人产生了疑问：这些目击是否都是真实的？会不会是镇上居民制造出的一个大骗局？

1973 年，"国际 UFO 组织"的创始人海登·海威斯来到奥罗拉镇，他决定揭开事情的真相。

奥罗拉镇是一个不大的镇，居民也不多。海威斯受到了奥罗

村民在查看外星球生物

拉镇居民的接待，但他们并没有兴趣解开飞艇的谜团。海威斯和其他一些 UFO 的研究者，在奥罗拉镇搜集了有关飞艇坠毁事件的第一手资料。但对目击者的调查结果却不太理想，因为他们现在都已经 80 多岁了，当年的记忆已经模糊不清。

据首批采访当地居民的 UFO 研究者吉姆·马尔斯回忆，1973 年，他采访了当时还健在的三位当地居民，其中一位叫罗比·汉森，她说那不过是个骗局，但据她自己所言，她不是直接目击者，并不直接了解那一事件。她的父亲听到这件事的时候，放声大笑，认为那不过是个骗局。此后，马尔斯又找到另外两名目击者，他们驳斥了罗比·汉森的论断。首先是马莉·伊万斯，她记得当时确实有什么物体坠毁了，她的父母跑到现场去看残骸，但没有让她去。另一名目击者查理·史蒂文斯当时只有 10 岁，事发时他正在外面干活，看见了有个东西飞过天空，尾部冒着烟，这个物体消失在奥罗拉镇的方向，此后，传来了爆炸声，并有浓烟升起。他的父亲第二天到镇上去了，回来后，告诉他坠落的残骸散落了一地。

坠毁的 UFO

除了目击者们的叙述，研究人员还找到了一个人，他就是奥罗拉镇的居民布罗雷·欧茨。他大概是 1945 年搬到飞艇坠毁地点的。搬到那里之后，他让人将水井进行了清洗，因为那里塞满了金属物质及碎片。欧茨认为，他们全家喝了 12 年那口井的井水，严重影响了他们的健康状况。因为他的手上出现了一些非常严重的关节炎症状。欧茨告诉大家，这是因为人们将奥罗拉镇飞艇的碎片扔到了井里，从而产生了辐射。据说，坠毁现场大量的金属碎片被拉走了，剩余的被扔到了井里。

找到那口水井很容易。然而，由于后来布罗雷·欧茨将水井盖上了一块厚重的水泥块，当地居民不允许调查者们去移开它，这也意味着将解开有关谜团的关键证据封在了里面。

尝试失败后，研究者将重点转移到普洛克特法官的住宅边，他们希望在那里找到飞艇坠毁的残骸。他们围着房子转来转去，这时，仪器探测到一种声音，他们发现了一块奇怪的金属。据 UFO 研究者约翰·舒斯勒回忆，在 1973 年，他将该物体送到一所用来测定飞行器或航天器部件故障模式的宇航实验室进行分析，并测定了其特性。

分析结果表明，该物体埋在这一地域已经很长时间了。当切入金属内部时，人们发现它是由 95% 的纯铝和 5% 的铁组成的。在铝中溶解 5% 的铁是绝对不可能的，两者不会以这种方式结合。通常情况下，这种现象的发生几率不到 1%。而且当有铁的时候，一般都会有锌或其他杂质金属。但该物体却没有。舒斯勒还通过得克萨斯州休斯敦的那斯塔斯实验室进行测试，得到了同样的结果。

受此启发，舒斯勒让这两个实验室继续对金属样本进行测试，以进一步测定其确切的来源地。

约翰·舒斯勒认为，1973 年发现并经过分析的那一物质，在当时不可能是在那片农场或奥罗拉镇，也不是在其周围的任何地方制造的，它只能是在一个十分精密的实验室里，运用超纯的提炼技术制造出来的。

难道，这真的是外星飞艇的残片吗？

另据堪萨斯州立大学物理教授汤姆·格雷博士回忆，有一天，有人敲开他的房门，一位男士手里拿着一块东西走了进来，那人说这个东西是在报道所称的 1897 年飞艇坠落现场找到的。格雷博士立刻开始对该物体进行测试，发现这块金属主要成分为铁。当他将这块金属置于其他金属和磁体前，它却并没有对磁体产生任何反应。

这是怎么回事呢？

困惑的格雷博士打电话向冶金学家请教，希望解开心中的疑问。

利用金属的磁性或者非磁性，人们可以制出一些合金，比如说铁铝合金，铁是带磁性的，铝是不带磁性的。在不同的温度下，它们会产生一些化学反应，就会有带磁性，也会有去磁性，所以它就可以既成为带磁性的铁铝合金，也可以成为无磁性的铁铝合金。这两种铁铝合金在自然界都有。

找到答案的格雷博士，在校报上公布了自己的调查结论。

第二天，当文章在校报上发表的时候，标题却变成了《物理学家在奥罗拉镇飞艇坠落地点发现无磁性的铁块》。文章对于铁铝合金为什么没有磁性、这种金属在自然界广泛分布的事实却只字未提。

格雷博士的发现成果，以及奥罗拉镇飞艇的碎片，都成为传闻的一部分。

从坠毁现场搜集到所有能找到的证据之后，调查人员开始将调查重点转向奥罗拉镇的墓地。当时的记载说飞艇爆炸时，遗留下一具已严重变形的尸体。人们把这具尸体按基督教的仪式埋在当地的墓地。

在一棵有百年树龄的古树下，调查人员找到了一块小石板，上面似乎刻画有一艘飞艇。调查人员来到这块石头所标记的墓穴时，他们的金属探测器上发出了与他们先前从坠毁现场挖出金属碎片时一样的声音，而且分贝数也一样。于是，他们向奥罗拉镇墓地委员会的每位成员都发出了申请书，请求获准挖掘墓内的遗体。

可是，墓地委员会强烈反对这一申请，而且他们也获得了禁止挖掘墓地的法令。就在调查者们企图探访墓地的那一天，墓地委员会就要求警长派人看护，警长同意了，这令 UFO 调查人员们十分失望。

两星期之后，警方的巡逻看护任务结束了。调查者们得到许可返回墓地后，那个标志性的小石板不见了。并且，有人将一段 20 多厘米的管子插入了墓地的土中，挖走了金属碎片。

证据被深埋在小屋下面的井里

2005 年，海登·海威斯再次来到了奥罗拉镇。

镇上过去曾有 3000 多名居民，现在只有 400 多名了。城镇的规模缩小了，但围绕着小镇神秘飞艇事件的争论却众说纷纭。镇上的居民分成两派，一派相信，一派怀疑。

由于原先那块石板标记已经在 1973 年被人偷走了，1976 年，镇上的居民在被认为是埋葬外星人遗骸的墓穴旁竖起了一块牌子。而在当年飞艇坠毁的地点，普洛克特法官家旁的水井早已被水泥封住了，上面盖了一座小屋，前面还竖起了围栏。为了调查，海登·海威斯曾多次申请进入这片区域，但都未得到回复。

关于奥罗拉镇事件的真相，最终能否让世人知晓呢？

知识点　　▶▶▶▶▶

飞　艇

飞艇是一种浮于空气中的航空器，由巨大的流线型艇体、位于艇体下面的吊舱、起稳定控制作用的尾面和推进装置组成。艇体的气囊内充以密度比空气小的浮升气体（氢气或氦气）借以产生浮力使飞艇升空。吊舱供人员乘坐和装载货物。尾面用来控制和保持航向、俯仰的稳定。推进装置为可提供部分升力的发动机。

延伸阅读

访问地球的外星人形貌

UFO 问题的专家认为至少有下列四种外星人经常访问地球：

1. 矮小的大头怪物：他们平均高度 1.15 米，头部特大，眼睛圆形，但没有瞳孔，有耳朵及鼻梁，在鼻的部位有两个小孔，他们的嘴巴只有一条缝，并无嘴唇、头发或牙齿；指缝间长蹼而没有拇指。

2. 试验用的动物：这种来自外星球的长毛动物，外貌像猩猩，全身有毛，手臂特长，牙齿锐利，最高达 2 米，体重约 200 千克。科学家认为这是外星人用来做太空飞行试验的动物，就像我们用猴子做试验一样。

3. 类似人的外星人：他们的外形和地球人类一样，但也有些与人类有别的特征。如美国怀俄明州的目击者见到外星人有 1.8 米高，两腿弯曲而没有手掌，一只袖管只伸出一条长杆，每次他挥动那根杆，周围的物体就会移动或消失。

4. 机械人：和地球上的机器人一样，他们有多种样子。有两名男子在美国密西西比州遇过两个这样的机械人。"他们"外形相同，大约一米高，有头，但是没有颈，也没有眼和鼻，头顶有天线伸出。

进一步分析类似地球人的外星智能生物：

1. 矮小人类智能生物：通常他们身材矮小，头部和眼睛很大，其他器官不发达，但十分精灵。思维远远超过地球人，没有毛发。他们的行动非常灵活，而且有特殊的超人功能。估计他们可能是外星球上的一种比外星人落后的

种类，但智力、功能比地球人先进得多，也许他们是外星人用遗传因子人工合成的生物种类。

2. 巨大人类智能生物：当 UFO 外星人有特殊任务时，才有他的出现，否则在一般情况时，不易看到。他们的身高一般都在 2 米以上，有的甚至 10 米，这些仅是目测，并不是以仪器测量的。

另外，外星人的相貌通常有下列特征：

皮肤：大部分是灰色、蓝色、棕色，也许目击者看到的是穿着薄的防护衣。有的则说，皮肤柔软，而且富有弹性。

眼睛：很大，但距离较宽，有一种倦倦的样子。有的事例表明没有眼珠，也没有眼皮。

嘴巴：有一道裂缝，或很小或完全没有开口，有的目击者说，嘴巴很小，就一个洞，或者一条细缝，几乎看不到嘴唇。

鼻子：只有两个小的呼吸孔，有的目击事例中是鼻孔十分清楚。

行为：非常警觉，严肃，很坚定，摸起来似乎麻木不仁。

脖子：几乎没有，或极短，不长汗毛，没有头发。

声音：低哼声，像呼呼的声音，有的从头到胸像电子装置一样，嗡嗡作响。

体高：一般在 90～150 厘米，也有身高达 3 米以上，体重 150 千克，躯干相比，脑袋硕大，下巴窄而尖。

耳朵：不显眼，没有耳壳，或耳朵很小。

胳臂：细且长，下垂过膝，手各不相同，有的只有四指，二长、二短。有的则像地球人有五个指头，少数只有两个指头，像钳子一样，有的无脚趾。

UFO 与"通古斯爆炸"

1908 年 6 月 30 日早上 7 点左右，俄罗斯帝国西伯利亚森林，通古斯河畔。居住在当地的人们突然发现，一个巨大的火球划过天空，其亮度和太阳相若。数分钟后，一道强光照亮了整个天空。随着一声震天巨响，巨大的蕈状云腾空而起，瞬间，人们便感到气温灼热烤人。爆炸中心区草木烧焦，70 千米外的人也被严重灼伤，还有的人被巨大的声响震聋了耳朵。稍后的冲击波将附近 650 千米内的窗户玻璃震碎。

爆炸不仅使附近的居民惊恐万状，而且还涉及其他国家。英国伦敦的许多电灯骤然熄灭，一片黑暗；欧洲许多国家的人们在夜空中看到了白昼般的闪光；甚至远在大洋彼岸的美国，人们也感觉到大地在抖动。

这次爆炸被横跨欧亚大陆的地震站所记录，其所造成的气压不稳定甚至被当时英国刚发明的气压自动记录仪所侦测。

接下来几个星期，东至勒拿河，西至爱尔兰，南至塔什干、波尔多（法国）一线的北半球广大地区连续出现了白夜现象。欧洲和俄国西部的夜空有如白昼，亮到晚上读书不必开灯。在美国，史密松天文物理台和威尔逊山天文台观察到大气的透明度有降低的现象至少数个月。

后来，伊尔库茨克地震站测定此次爆炸当量相当于 1000 万至 1500 万吨 TNT 炸药。

十月革命后，苏维埃政权于 1921 年派物理学家库利克率领考察队前往通古斯地区考察。他们宣称，爆炸是由一次巨大的陨星造成的。但是，他们却始终没有找到陨星坠落的深坑，也没有找到陨石，只发现了几十个平底浅坑。因此，"陨星说"只是当时的一种推测，缺乏证据。

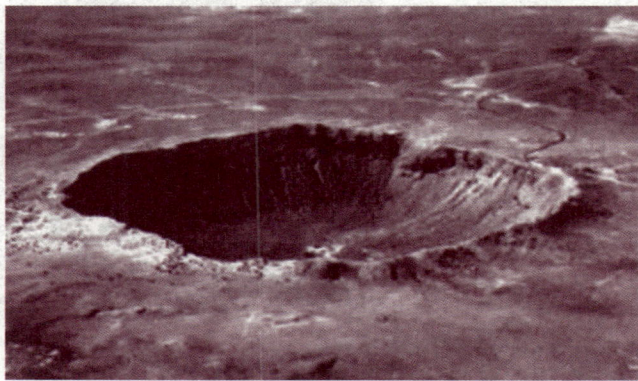

通古斯爆炸留下的坑

　　后来，库利克又两次率队前往通古斯考察，并进行了空中勘测，发现爆炸所造成的破坏面积达两万多平方千米。

广岛废墟

　　第二次世界大战结束以后，苏联物理学家卡萨耶夫访问日本，1945 年 12 月，他到达广岛，4 个月前美国在这里投下了原子弹。看着广岛的废墟，卡萨耶夫顿然想起了通古斯，两者显然有着众多的相似之处：爆炸中心都受到了破坏，树木直立却没有倒下。爆炸中都有人畜因为核辐射和烧伤而死亡。爆炸中都产生了相同形状的蘑菇云，只是通古斯的看上去更大。特别是在通古斯拍到的那些枯树林立、枝干烧焦的照片，看上去与广岛上的情形十分相似。由此，卡萨耶夫产生了一个大胆的想法，他认为通古斯大爆炸是一艘外星人驾驶的核动力宇宙飞船，在降落过程中发生故障而引起的一场核爆炸。

　　此论一出，立即在苏联科学界引起了强烈反应。支持者和反对者不乏其人。索罗托夫等人进一步推测该飞船来到这一地区是为了前往贝加尔湖取得淡水。还有人指出，通古斯地区的驯鹿所得的癞皮病与美国 1945 年在新墨西哥进行核测验后当地牛群因受到辐射引起的皮肤病十分近似；而通古斯

通古斯爆炸后树木的样子

地区树木生长加快，植物和昆虫出现遗传性变异等情况，也与美国在太平洋岛屿进行核试验后的情况相同。

　　20 世纪 50 ~ 60 年代，苏联科学院多次派出考察队前往通古斯地区考察，认为是核爆炸的人和坚持"陨星说"的人都声称考察找到了对自己有利的证据，双方谁也说服不了谁。对于没有找到中心陨星坑的情况，有人认为坠落的是一颗彗星，因此只能产生尘爆，而无法造成中心陨星坑。

　　1966 年，调查团的普雷卡诺夫和古雪诺夫两位博士发表了令人震惊的调查报告：爆炸之后，该地的落叶松和桦木都出现了异常的生长状况，年轮的宽度在爆炸前约 0.4 ~ 2 毫米，爆炸后却变成 5 ~ 10 毫米，而且从烧焦的树片中检查出有放射性同位素铯 137。

通古斯大爆炸后树木怪状

　　明斯克大学教授法希利亚夫博士认为："迄今为止，此地区已发生了相当深刻的遗传变化，不仅表现在植物上，而且表现在小昆虫上。该地区出现了世界其他地方几乎找不到的各种蜜蜂和昆虫。此外，一些树木和植物停止生长，而另一些树木和植物则以几倍的比率生长，有些甚至比 1908 年以前的树木和植物生长速度快几百倍。"

　　经过深入考察和研究，法希利亚夫博士于 1960 年宣称："情况表明，这里，尤其是爆炸中心曾出现了一场全面的电磁紊乱，表明此地区遭到了一场巨大的电磁飓风，摧毁了一切。"另外，苏联物理学家索罗托夫等人也表示，这次爆炸是由拥有广岛型原子弹 2000 倍以上威力的核子爆炸所引起的。飞机设计师莫那兹可夫经过计算，发现爆炸瞬间物体的秒速是 700～1000 米左右。如果说某个天体以这种速度下坠的话，那就太慢了。

此外，根据目击者的证词和地震器的记录，以及森林的破坏程度来看，这个爆炸物体在进入大气层后曾数次改变行进路线。能够改变速度和行进方向，而且引起 1000 万吨级原子核分裂的不明飞行物体，绝不可能是陨石或彗星。

陨石撞击通古斯想象图

难道真的是某种高等生物所驾驶的飞船在西伯利亚上空发生了爆炸？

苏联克拉斯诺亚尔斯克宇宙博物馆馆长、"通古斯宇宙现象"基金会主席尤里拉夫宾从宇宙发回的照片中发现这一地区有异常现象，似乎有某种东西坠落此地。经过反复考察，他在一个小土丘上意外地发现了"硅化铁"。这一发现不仅令拉夫宾兴奋不已，整个学术界都为之轰动。

"硅化铁"在自然界中根本无法自然形成。更令人不可思议的是，拉夫宾找到的"硅化铁"中还含有氖、氩、氙三种气体。这样的物质成分组合根本不可能在地球环境下形成。

在这些像鹅卵石一样的"硅化铁"上，刻有整齐的图案，看上去如同象形文字。拉夫宾认为，这些图案不可能自然形成，而是"手工"制品。拉夫宾等科学家在实验中发现，即便是最强大的激光仪器也只能在"硅化铁"上留下轻微痕迹，象形文字自然不会是人类的祖先画上去的。因此，这些"硅化铁"毫无疑问是外星飞碟的残片。

拉夫宾认为，"象形文字"也许仅仅是一个漂亮的外表，这种硅晶体里面很可能隐藏着巨大的信息。或许，这就是外星飞碟的"黑匣子"残片。拉夫宾说，他们找到两块一模一样的"硅化铁"，而这两块物体发现的地点相隔70多千米，距通古斯爆炸中心250千米。

知识点

年 轮

年轮指鱼类等生长过程中在鳞片、耳石、鳃盖骨和脊椎骨等上面所形成的特殊排列的年周期环状轮圈，也指树木在一年内生长所产生的一个层，它出现在横断面上好像一个或几个轮，根据轮纹，可推测树木年龄，所以称为年轮，年轮是一些同心圆轮纹。

延伸阅读

"通古斯爆炸"新见解

1973年，美国得克萨斯大学的两位科学家——杰克逊和莱伊安根据黑洞天体的理论，认为"通古斯大爆炸"是由于微型黑洞天体的强大引力所造成的，他俩断定：小型黑洞是在冰岛和纽芬三岛（加拿大）之间大西洋某地区穿过地球时，引发了这场爆炸。关于黑洞的性质、特点，人们所知甚少，"小型黑洞"是否存在尚是疑问。因此，这种见解也还缺少足够的证据。此外，还有行星星核撞击说、白矮星超密碎片撞击说、反物质湮灭说等见解。

跟踪战机的不明飞行物

参加第二次世界大战的交战国飞机驾驶员，在飞行时偶尔就会看到不明飞行物，飞行员们不可能看错他们面前的敌机型号，因为，他们的生与死取决于能否快速和准确地发现敌机。

在飞行员的报告中，经常提到无法辨明的空中物体的活动，这对那些了解报告的严肃而简洁的人来说，无疑是有说服力的。显然，报告中描述的两方面情况特别引起交战国参谋部的兴趣，这就是：有关飞行物体所达到的令人难以置信的速度；它们尽管表现出"机敏的好奇心"，但并不参与冲突，不进攻，特别是在受到地球飞机攻击时也不还击。这种难以解释的表现，比采取公开敌对行动更令各国军界担忧。因为，战争结束后，每个交战国都曾把这些奇怪的空中物体，当成是敌人的秘密武器。

1942 年 3 月 25 日，英国皇家空军战略轰炸机大队的波兰籍飞行员罗曼·索宾斯基奉命对德国城市埃森进行夜袭。任务完成后，他驾驶的飞机升到5000 米高空，借助漆黑的夜色掩护，返回英国。经过 1 小时的艰难飞行，飞机飞出了德国领空。正当索宾斯基和他的伙伴们松了一口气的时候，后机关炮炮手突然发出警报说，他们的飞机正被一个不明物体跟踪。"是夜空猎手吗？"驾驶员问，他心里想的是危险的德国空军驱逐机。"不，机长先生！"炮手回答，"它不像是一驾飞机！没有清晰的轮廓，并且特别明亮！"不一会儿，机上的人员都发现了那个奇怪的物体，它闪着美丽的橘黄色的光。于是，跟任何处在敌国上空的有经验驾驶员一样，索宾斯基机长当即作出反应："我想，这大概是德国人制造出的什么新玩意儿，于是下令炮手开火。"但是，使全体机组人员感到惊愕的是，那只陌生的"飞机"尽管离轰炸机只有将近 150 米，又被大量炮弹击中，但并不还击，而且显出满不在乎的样子。炮手们惊惶失措，只好停止射击。那个奇怪的物体就这样静静地飞行了一刻钟，然后突然升高，以难以置信的速度从波兰飞行员的眼前消失了。

诸如此类的事件，终于使军界要员们恼羞成怒，三个空军大国（美、英、

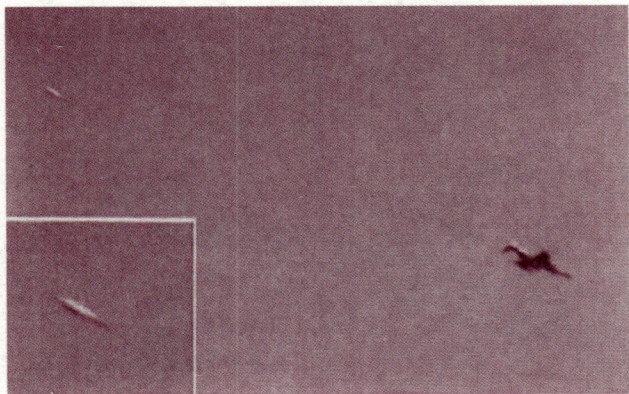

飞机被一不明飞行物跟踪

德）政府命令着手进行一系列正式的（当然是秘密的）调查。在美国空军的强烈要求下，情报部门早在 1942 年率先开始调查。但是，鉴于这些空中的不速之客的表现，总的看来并不构成对盟军的威胁，而且它们不太可能属于德国人，这个问题被排除出了紧急军务之列，只是建议专家们继续进行研究。可是由于某种原因，美国空军一点也不喜欢在这些陌生的空中物体（不论它们属于谁）面前，表现出明显的低人一等。于是，美国空军就同不明飞行物结下了"深仇大恨"，这种情况至今还给美国官方对 UFO 的态度打下了烙印。可是在英国，皇家空军成立了一个由许多科学家和航空工程师组成的专门小组，一个受过专门训练，配备有英国最先进飞机的拦截大队。该小组由空军元帅 L·梅塞领导，这充分证明英国空军对研究不明飞行物的重视。这些研究是为了弄清这些经常出现在盟军飞机附近，而飞机上的火炮损伤不了它们一根毫毛的物体究竟来自何处，它们行动的目的是什么。不幸的是，UFO 研究小组得出的结论，无论是过去和现在都是"绝密"的。在德国，空军对 UFO 的兴趣也一样大，1942 年，德国成立了"13 号专门小组"。从那时起，直到 1945 年，这个小组在"天王星行动"计划内，一直从事对奇怪空中物体的研究。这个小组拥有第一流的专家和最先进的仪器，而且在那样一个时期，当国内一切资源都用于前线时，还调了整整一个 Me－262 型飞机中队供小组使用，这充分说明，德国空军意识到必须高度重视这个问题。

UFO 紧紧跟随战机

当然，在历史上这场最可怕的战争中，交战各国的空军参谋部都不太情愿考虑这些飞行物体有可能是一些外星文明的信使。普遍同意的理论认为这些飞行物属于敌方，而它们同己方飞机相比所具有的明显优越性造成了内心的恐惧。在战争结束之后，当研究专家们有可能看到部分档案时，这种恐惧才被暴露出来。弄清一些问题，以保持公众舆论的斗志，这种办法在战争期间经常使用，战后也被延续下来，今天人们对待 UFO 的态度和方式仍然打着它的烙印。

知识点

驱逐机

驱逐机是一类战斗机，我国一般称其为歼击机。驱逐机的主要任务是保卫自己的领空，即驱逐自己领空上敌方的战斗机，因此命名驱逐机。它有别于普通的空军战斗机，一般的空间战斗机的主要任务是争夺敌方领空的制空权。

轰炸机

轰炸机是用于对地面、水面目标进行轰炸的飞机，具有突击力强、航程远、载弹量大等特点，是航空兵实施空中突击的主要机种。轰炸机有多种分类，按执行任务范围分为战略轰炸机和战术轰炸机；按载弹量分重型（10吨以上）、中型（5~10吨）和轻型（3~5吨）轰炸机；按航程分为近程（3000千米以下）、中程（3000~8000千米）和远程（8000千米以上）轰炸机，中、近程轰炸机一般装有4~8台发动机。机上武器系统包括机载武器如各种炸弹、航弹、空地导弹、巡航导弹、鱼雷、航空机关炮等。机上的火控系统可以保证轰炸机具有全天候轰炸能力和很高的命中精度。轰炸机的电子设备包括自动驾驶仪、地形跟踪雷达、领航设备、电子干扰系统和全向警戒雷达等，用以保障其远程飞行和低空突防。现代轰炸机还装有受油设备，可进行空中加油。

延伸阅读

民航机与 UFO 的不期而遇

1959年2月的一天，美国宾夕法尼亚州和俄亥俄州的6架民航飞机的机组人员，在飞行途中目击了3个不明飞行物，其中一个 UFO 两度离开编队，降低高度，向飞机靠拢。美国航空公司713班机的机长彼得·W.基利安看到该不明物体向他飞来时，迅速调头返航。可是，就在此时，只见那飞行物骤然停止下降，悬浮在离飞机一定距离远的地方，仿佛它的目的仅仅在于监视或观察飞机似的。过了片刻，该不明物体如闪电般地回到了编队之中。可是，过不多久，它又突然向飞机冲来。这一次，机长基利安没有改变航向，镇定沉着地驾驶着飞机，同时注意着"来犯者"的动向。从那个物体的轮廓来看，它比民航机还要大，闪着白光。他立即通过机内话机通报机上乘客，当时只有一个乘客流露出恐慌的情绪。基利安知道，要是那个奇怪的物体再向飞机靠拢一点的话，恐怕全体旅客都会惊恐起来。因此，他决定拐弯避开这个神秘的UFO。说也奇怪，此刻这个不明物体又迅速升高，回到了自己的队伍里。

基利安向另外两个机长通报情况，后者回话说，他们也看到了这3个不明飞行物。基利安机上一位名叫N.D.庞卡斯的乘客，是一位航空专家，当飞机在底特律机场着陆后，他向新闻记者发表谈话说："当时天空晴朗，我看见了那个不明飞行物，它们呈圆形，飞行时有严格的队形，我从未见过这种现象。"

另一架飞机的机长和他的机械师亦向报界证实了此事，937和321班机的全体乘客也都证明，基利安的目击经过完全属实，他们认为，那3个飞行物是他们从未见过的。

1967年2月2日，一架秘鲁航空公司的DC-4式客机曾被不明飞行物紧紧跟踪了300千米。这架飞机的机长叫奥斯瓦尔多·桑比蒂，他当年40岁，在记者采访他时，他详细地讲述了这次不寻常的空中事件："2月2日18点正，我们从皮乌拉起飞，飞往首都利马。半小时后，我们飞行到奇克拉约上空，当时飞机的高度是2000米。忽然，我们在飞机的右侧发现了一个发光的物体，当时，天色开始渐渐地暗了下来。我看到那个物体放射出极其强烈的光芒，它的外形是个倒置过来的锥体。当时它离飞机有几千米远，它处在与飞机同样的高度，而且航速航向都一样，就像在附近监视我们似的，与飞机并列飞行。但不久，我看到它以神奇的速度，做着许多奇怪的动作。有几次，它垂直地升入天空，然后又下降到了先前所在的位置，我让机组人员密切注意该物，并把这件事报告了全体乘客。当时飞机上共有乘客52人，机组人员7人，我对他们说，看来这个东西在监视着我们。

当时，我试图同利马机场的塔台取得联系，但无线电已经失灵。我看到，机舱内的灯光也变得十分微弱，我一个劲地拨弄着无线电收发机，但还是一点声音也没有，那个不明飞行物就这样一直跟踪了一小时之久，夜幕降临时，它突然离去。

我走到客舱时，看到不少乘客都吓得面如土色。有几个女人简直快吓疯了，还有几个女人嚎啕大哭起来。当那个不明飞行物消失后，我又一次开启无线电收发机，与利马联系，这一次很快就联系上了。这时，无线电收发机重新正常起来，灯光也恢复到了以前正常的亮度，但我刚刚与塔台联系上，向地面导航人员报告这件事时，那个飞行物又飞了回来。这一回，还有一个不明飞行物在它旁边飞行，它们一同朝我们方向飞来，它们的体积和外形都一样。当我向地面塔台报告说有两个不明飞行物出现在我们附近时，它们都在转瞬之间飞逝而去，后来我就再也没有看到它们。"

印记·UFO 降落过的地方

在 UFO 曾经降落过的地面，经常会有一些明显的痕迹被人们发现。这些痕迹大多数能保留很长时间（有的达数年之久）。在此期间，该处的土壤寸草不生。

一般来说，这些痕迹是由于地面受到某些压力或有规则的烤灼而留下的，它们往往呈现圆形、环形、三角形或半月形。下面的这些事例，将为大家提供最切实的证明。

UFO 降落

1954 年 8 月 3 日 18 时，一个透镜形的不明飞行物降落在马达加斯加的安塔那那利佛机场旁边。它在跑道一端满是石子的地面停留了约两分钟之久。当法国航空公司的一名技术处主任和另外三名驾驶员、三名工程师发现它后，立即发出警报，于是机场的全体工作人员以及候机的旅客都看到了这艘奇怪的飞船垂直起飞的情景。而在飞船停降过的地方，直径达 10 米的一个圆圈内的石子全部被压成了粉末。

1954 年 9 月 10 日，一个不明飞行物降落在法国卡罗布尔镇附近铁路的路基上。人们事后发现，那里的石块全部被煅烧过并被压碎。据估计，该不明飞行物的重量在 30 吨左右。

1965 年 1 月 12 日晚上 8 时 20 分，美国华盛顿州库斯特镇郊区的一个女农场主突然发现，一道强光从天空中快速地向她飞来。刚开始，她以为那是一架即将坠落到她家房顶的飞机，于是惊慌失措地领着三个女儿跑到院子里。到了院子里，她才惊恐地发现，那物体并不是飞机，而像是一个白亮闪光的圆形透镜。它直径约 9 米，顶部微成拱形，飞行时全无声响，并且在空中做出各种复杂的动作，最后降落在农场院子后面的松树林边。大约四五分钟后，那个不明飞行物突然垂直升起，并迅速地消失于东北方的天空。当时，一名警官正在边境地区巡逻。他接到总部的无线电通知，刚巧在飞船降落时赶到了现场。他把汽车停在数百米外，跟那几个亲眼目睹不明飞行物降落的人一样感到惊恐。尽管警官并不认识那些女目击者，但他的报告同她们看到的完全吻合。在飞船降落过的地方，地上有一个圆形的印子，其直径约三四米。印痕下面的土地完全被烤焦。从这个圆圈出发，等距离排列着一行长约 20 厘米的椭圆形印迹，到松树林前面便突然消失了。这些痕迹在事发后两个月内都能清楚地看到。美国西雅图《飞碟通报》杂志出版人贝尼尔还曾亲赴现场对它进行过考察。

1966 年 10 月 7 日 18 时 30 分，14 名目击者发现一个明亮的不明飞行物降落在美国密执安半岛的印第安湖畔，它在地上停留了将近 1 个小时，而当那个不明飞行物重新起飞后，地面上留下了一个圆形的辙印，里面的草木完全被烤焦。

1967 年 6 月 18 日 23 时，两名加拿大安大略省的居民在拜访完朋友后驾着小船回家。突然，他们发现离法尔扎湖岸 800～900 米远处，一个发光的物体停留在离树梢 15～20 米的空中。当他们把小船朝那个方向划去时，该物体突然急速地向小船冲下来，惊慌失措的两人急忙后撤。当这个发光的物体第二次向他们俯冲下来时，万般无奈的他们只好将小船靠岸，并叫来了住在附近一座山间别墅里的 4 个人。6 个人一同注视着那个不明飞行物在离他们 300～400 米的空中停留了大约 10～15 分钟，然后消失在西北边的天空。

这次事件持续了约 30 分钟。在此期间，该物体一直没有发出任何声响，唯一能证明它存在的，是它下面的那些树枝被笼罩在一片耀眼的白光中，并且被一股强大的气流吹得猛烈摇晃。下面是国防部某调查员对该事件的一份正式报告的片断：

"据目击者描述，该物体为椭圆形，上端稍微突出，乳白色，闪光。高约 8～10 米，厚约 3～5 米。在远方消失时，呈橘黄色。一名目击者称，当时他正在用 630 千赫的频率收听 CKRC 电台的广播节目，突然频道上出现极强的干扰，节目再也听不见了。"

这份报告最后写道："几根被烤得焦枯的树枝标本被送到温尼伯进行分析。森林与乡村发展部通报说，无法解释收集村本地区的三个树种——白桦、榛树和樱桃树同时枯萎的原因。许多树都受到伤害，但并无一定顺序，而且主要是树梢。林业专家认为，造成枯干的原因可能是强大热量。"

这一件事后来被官方纳入了"无法弄清"的那一类，当时目睹事件的 6 个人都出具了报告。

1968 年 7 月 31 日，法属留尼汪岛（位于印度洋）上的种植园主卢西·丰泰因在一片林中空地上看见了一个椭圆形的不明飞行物。该物体边缘呈深蓝色，离目击者仅 25 米，停留在距离地面 4～5 米的空中。据丰泰因估计，它高约 2.5 米，直径 4～5 米。丰泰因还说，他看见飞船的中部有一个蓝色的屏幕，几分钟后，从屏幕后面射出一道耀眼的白光，并伴之以巨大的热气流，这个陌生的物体随即就飞走了。

10 天之后，该岛公民保护署主任列格罗斯上尉带着吉洛特机场最完善的检测仪器赶到现场。他发现，在飞碟降落点方圆 5 米的范围内，土壤和植被的放射性含量达 600 亿单位，比正常量高 30 倍，就连目击者的衣服也带有放射性成分。列格罗斯上尉显然感到震惊，他下结论道："这件事有人亲眼目睹，毋庸置疑！"

1968 年 11 月 6 日，将近 100 人看见一个明亮的不明飞行物降落在巴西皮

拉松加地区。巴西空军当局对此事进行了秘密调查，并拍摄了地面留下的痕迹：一个直径为 6 米的圆圈，里面的植物全部枯槁，圈内还有三个均匀分布的小坑（显然是支撑系统的底柱留下的）。调查结果没有发表。

下面这个事例比较出名。它发生在美国依阿华州巴尔的农场，并被美国研究员特德菲利普调查过，海尼克博士在《飞碟试验》一书中也对它进行过专门的分析。

1969 年 7 月 12 日 23 时，两名少女（巴尔的女儿和她表妹）惊恐地发现，一个明亮的不明飞行物掠过农场上空向远方飞去。该物体的形状像一只倒扣过来的浅底碗，呈深灰色，沿着自身的轴心不停地转动，在其高度 2/3 的地方有一个橘黄色光环。两个少女足足看了两分钟，在此期间，她们听到该物体发出了隆隆的声音。后来，这个不明飞行物消失在西北天空，只留下一道橘黄色光痕。

这两个女孩子回去后立即向巴尔农场主叙述了此事，但他并不相信，直到第二天早上看见飞碟在他的大豆地里留下的痕迹时，才相信两个女孩子说的都是真话。

在地里一个直径约 12 米的圆圈内，作物完全被毁了。几星期后，海尼克博士察看了现场，他写道："在那个圆圈内，树木的枝叶从主干开始枯干，像是被巨大的热量烤过。但树干并未折断，也未弯曲，地面上也没有留下任何痕迹。这一切表明，热量或其他带杀伤力的因素像是从近距离的空中施加的，并未与地面直接接触。"

1969 年底，在新西兰发现了三次留下痕迹的飞碟降落事件。9 月，在北岛的恩加蒂亚，有人发现在一个圆圈内，野草和荆棘的枝叶全部褪色，并受到放射性污染。奥克兰大学的研究工作者宣称，他们"没有找到任何化学反应的证据，但确实存在放射性杀伤的痕迹"。专家 J·穄门吉斯在《宇宙现象》1970 年第 23 期上写道："某种辐射从里向外烧毁了植物的组织。地球上还没有发现能够造成类似现象的能源，一颗陨石或一次闪电都做不到这点。看来，是一个来自外星的物体在这里降落和起飞时放出辐射，伤害了植物。"11 月，北岛巴夏图瓦的农场主亨利·安杰里尼发现他的农场地里有一个直径约 12 米的圆圈，圈内的草全部枯槁。后来，D. 哈里斯博士在南岛的布林海姆也发现了一个类似的印迹。所有这些"死亡区"都是圆形的，圆圈内有三个较小的坑，分布在一个等边三角形的顶点。受放射伤害的土壤一直寸草不生，无论家畜还是野兽都远远地绕开它……

在 90% 的此类事件中，这些被烧焦的植物都并非因自身燃烧所致，而是受到异常强烈的热辐射的结果。其中，35% 的事例还伴随着放射性后果。一般来说，植物被如此毁坏过的地区很难再恢复，在大约 25% 的例子中，该处的土壤从此寸草不生。

下面是几个略显不同的例子：

1965 年 9 月 3 日 23 时，两名正在美国得克萨斯州德蒙市附近公路上巡逻的警官惊讶地发现，一团夺目的亮光降落在他们面前的平原上。当他们小心翼翼地走过去后，发现停在面前的是一个常规意义上的大飞碟，从飞碟里面发出强大的噪音。突然，飞碟的发动机、大灯和无线电停止了工作，大约 15 分钟后才重新启动，启动后这艘陌生的飞船就立即起飞了。两名警官走近飞碟曾降落的地点，发现地面上的泥土竟然被烤焦了，上面明显留有被巨大的重物压迫过的痕迹。

1967 年 5 月 5 日，法国科多尔省马连斯市市长在距离他的管区不远的地方发现了一个颇有意思的 UFO 降落时留下的痕迹。那是一个直径达 5 米、深约 30 厘米的圆圈，在圆圈的外围有一系列深约 10 厘米的"沟"呈放射状延伸出去，沟端有一些深约 35 厘米的圆洞。在这些沟和坑的底部，沉积了一层淡紫色的粉末，辨不出是什么东西。

夜空中拍摄到的 UFO

1968 年 6 月，阿根廷米拉马尔市附近的一名目击者看到一艘飞船仿佛被一束光支撑着，停在离地面约 50 厘米的空中。可是当目击者企图走近它时，飞船却迅速地飞走了。警察对目击者指点的地方进行调查，结果发现那里的土壤被一种异常强大的热源烤焦。

　　1968 年 7 月 1 日，许多目击者（其中包括医生、工程师和警察）看到一个不明飞行物在巴西圣保罗州博图卡图医院附近降落的情景。几分钟后，飞船无声无息地飞走了，地上留下了一个成等边三角形（边长 7 米）的深深辙印。

　　1969 年 5 月 11 日，在加拿大魁北克省，有一个不明飞行物降落在离 M. 查普特的农场仅 200 米的地方。凌晨 2 时，查普特先生被犬吠声惊醒，他开门出去查看，正好看见该物体起飞。这一情景还分别被另外 4 个人看到。调查时，研究人员发现一个圆形印迹，周围还有 3 个深度不同的小印子，结果用直线连接起来，正好构成一个等边三角形。一些直线形的浅沟（像是圆形重物在地面拖动而形成的）从两个大圆圈延伸出去，终止在一条灌溉渠的堤坝上。当地警方调查了现场，拍了照片并进行了分析，但毫无结果。

降落中的 UFO

　　1970 年 8 月 29 日夜里，许多目击者发现一个发出强烈红光的圆形物体在瑞典安滕湖附近飞翔。在完成了一系列复杂的空中动作后，该物体向埃尼巴肯镇方向降落了。第二天早晨，该镇的居民约翰森老人发现他家菜园里有 3 个圆形印迹，里面的土壤被压过。构成等边三角形顶点的这些圆印直径为 40 厘米、深 4 厘米。调查人员从该地区中心处以及不明飞行物降落的三角地取了土壤标本，送交瑞典查默斯核化学研究所进行比较分析。瑞典专家们通过 γ 射线分析仪分析，发现降落点的土壤标本中放射性比普通土壤标本高 3 倍，达到 660 千电子伏特。这样的辐射只能来自钡 137 的同位素，而且只有当钡 137 放射性同位素放出 β 射线时才能出现。但是，钡同位素只有在受激核反应中才能形成！约翰森老人怎么可能在他的菜园里实现核裂变呢？这件事让调查人员百思不得其解。

◆▶ 知识点 ▶▶▶▶▶

放射性污染

放射性污染是指由于人类活动造成物料、人体、场所、环境介质表面或内部出现超过国家标准的放射性物质或射线的现象。在自然界和人工生产的元素中，有一些能自动发生衰变，并放射出肉眼看不见的射线。这些元素统称为放射性元素或放射性物质。在自然状态下，来自宇宙的射线和地球环境本身的放射性元素一般不会给生物带来危害。但是人的活动使得人工辐射和人工放射性物质大大增加，环境中的射线强度随之增强，危及生物的生存，从而产生了放射性污染。放射性污染很难消除，射线强度只能随时间的推移而减弱。

同 位 素

同位素是具有相同原子序数（即质子数相同），而质量数不同（即中子数不同）的一组核素。自然界中许多元素都有同位素。氢有三种同位素：H 氕、D 氘（又叫重氢）、T 氚（又叫超重氢）；碳有多种同位素，例如 12C、13C、14C 等。同位素有的是天然存在的，有的是人工制造的，有的有放射性，有的没有放射性。同种元素的各种同位素质量不同，但化学性质几乎相同，物理性质有差异。

延伸阅读

变绿的冰层

人们多次发现，一些不明飞行物常常进入海洋、江河和湖泊去加水或排放废弃物。在 65% 的这类事例中，水源都受到了放射性影响或被化学物质所污染。

1961 年夏天，一个巨大的不明物体从空中以惊人的速度俯冲下来，砸穿了位于苏联的拉多加湖面 1 米多厚的冰层。冰层被砸开了一个直径 100 米的圆形口子，该物体钻入湖水，在里面停留了将近 1 个小时，然后钻出水面，向北方高速飞去。冰层受到撞击的地方都变成了绿色，并带有放射性。后来，调查人员还在圆形窟窿的边缘发现了钛粒子。而在当时，地球上没有任何一种飞行器能够经受得住如此厚的冰层撞击。

1968 年 4 月初，在瑞典乌普拉门湖面约 1 米厚的冰层上，发现了一个面积为 500 平方米的三角形大洞。在此之前，一个巨大的不明物体从空中"坠落"下来，把砸碎的冰块抛出老远。几天之后，人们在冰面上又发现了两个大窟窿，其中一个的形状和面积与前次的完全一样。瑞典空军的专家们发现，窟窿附近的冰带有放射性。而部队潜水员则发现湖底的淤泥上结了一层特性不明的硬壳，其中所含物质，与 1950 年一次飞碟降落后将加拿大索毕尔湖水染成红色的那种物质极为类似。

1970 年 9 月 14 日，一个不明物体降落在新西兰蒂奎蒂附近布莱克莫尔的农场边一个小湖里。第二天早晨，农场主发现湖水水位上涨了许多，而岸上的痕迹表明，夜里湖水不可思议地溢出了堤坝。湖水变成了暗红色，并带有刺鼻的气味。也许为了避免使人们受到伤害，陌生的飞船把有毒（放射性或化学）的物质装入密封的集装箱内沉入了水底。

1971 年 1 月 3 日早晨，许多目击者看见一个闪光的圆球从离结冰的萨彭基湖面（位于芬兰库萨莫地区）约 8 米的空中掠过，放射出的亮光在周围

1500 米的范围内都能看清。几分钟后，那个物体降落在离毛诺·塔拉家 17 米处，停留了 1 分钟后，又突然起飞，跟出现时一样无声无息地消失在北方天空。

过了几个小时，目击者们发现，飞船停降过的地方（湖边），冰层变成了绿色。几天后，专家们从那些冰及其下面的土壤取了样，送交一家瑞典实验室和两家芬兰实验室（奥卢大学和氮化物公司）分析。研究结果表明，冰并未受放射性侵害，但含有大量的钛元素。

从上述事例中人们发现，UFO 在地球上留下的大多数痕迹都带有放射性，而且，钛是制造这些不明飞行物的主要材料。

UFO 袭击伊泰勒普碉堡

UFO 攻击军事设施的报道屡见不鲜。

UFO 曾经在巴西陆军碉堡的上空攻击两位哨兵，部队立刻进入了备战状态时，碉堡的电力系统就出现了故障。在这之前的数 10 分钟一架飞往圣保罗的运输机也受到 UFO 袭击。

两位哨兵眼睁睁地看着浮在空中的巨大飞行物体，没有任何反应。本来一遇到紧急状况就必须向指挥室报告的，但一看到这种超现实的景象，他们两人根本失去平常的判断力。

这里是距巴西首都巴西里亚东 15 千米远，位于海岸附近的伊泰勒普碉堡。这里是为了保卫首都所设的陆军碉堡。

两位哨兵发现这个不明飞行物体的时间是 1957 年 11 月 5 日凌晨 2 点左右。起初，物体看起来只是在大西洋水平线上的一个光点，所以他们以为是星星或是别的东西，并不太在意。但仔细一看，那个光点正逐渐接近过来，并极迅速地来到碉堡上空，在 300 米高的空中停了下来，然后摇摇晃晃地慢慢降落。

橙色的光线照亮了炮塔，使得四周呈现出可怕的气氛。光体在离炮塔 50 米高的地方停止不再下降。两个人看到这个直径 30 米的圆形怪物靠得这么近

UFO 袭击伊泰勒普碉堡

时，才意识到自己已身陷险境。虽然两人身上都有步枪，但不仅没有射击，连警铃也没有按，因为他们觉得在这个庞大的怪物体之下，自己的装备和抵抗都是没有意义的。接着有种像是机械声的隆隆响声传到这两个吓呆了的哨兵耳中。同时两个人觉得身上一阵热，皮肤好像要被烧焦似的。但是他们并没有看到任何光线或火焰，两个人痛苦地哀嚎着，想要逃离热波的攻击，但其中一个已经昏倒在现场，另一个则躲到碉堡的阴影下。

其他哨兵听到他们的惨叫，知道出事了，很快便进入备战状态。然而就在此刻碉堡内的灯火全部熄灭了，电梯、通讯装置、转动炮身的马达也完全失去了作用，连紧急备用电源也失灵了。而且，热风也吹进了碉堡内，这使得原本相信铁石做成的碉堡是永不被摧毁的其他哨兵，心中也不禁开始担心了。更奇怪的是，原本闹钟也应该因停电而不动才对，但却比预定时间提早了 3 个小时铃声大作，使得碉堡陷入一片恐慌之中。

数分钟后，那些可怕的机械声停止了，所有的灯也重放光明。

当时，有几名士官也看到那并不是战斗机，而是全身发出橙色光辉的庞然大物，在垂直上升之后很快就消失不见了。在四处搜寻之后，只见一名哨兵已经昏迷，另一名在炮塔阴影下的哨兵也已经神经错乱。他们立刻被送到医务室去，经过军医的检查，发现两人全身二度灼伤。

在这两人可以详细地说出这件事的始末时，已经是好几个星期后的事了。

事后接到报告的巴西陆军司令部，马上请空军在伊泰勒普碉堡上空实施哨戒飞行。而在空军大范围的搜索之后，并没有找到任何飞行物体所留下的痕迹。巴西政府相当重视这一事件，便经由美国大使馆的联络，请求处理 UFO 事件经验丰富的美国空军协助秘密调查。

数日后，美国空军的军官们就到了碉堡，马上组成一个调查小队。在这里得到很多有关这一事件的重大情报。伯鲁多阿雷克雷机场也在碉堡受到攻击之前看到过奇怪飞行物体。在伊泰勒普碉堡被袭击之前 2 小时左右，在距首都 1000 千米左右的里欧格兰达多斯鲁州的伯鲁多阿雷克雷机场有一架民航机起飞前往圣堡罗。那是巴里达航空公司的 C – 46 型运输机，凌晨一点左右在桑达卡达里那州的阿拉拉卡上空朝北 100 米，视野非常的好。

就在这时，贝伊克机长看到左前方有个红色光点正逐渐向他们接近过来。听多了 UFO 事件的机长在好奇心的驱使下改变航线朝那光点飞去。

UFO 一直向运输机飞过来。忽然整个飞机内部充满烧焦的味道，机长吓了一跳，马上检查每个仪器，发现自动方向测知机和无线电都已经烧坏，右翼的引擎也在冒烟。就在他们忙于灭火之时，UFO 已不见踪影了。机长也不能到圣保罗去了，只好失望地返航。

就在这件事发生的数十分钟后，怪物体便袭击了伊泰勒普碉堡。调查小队认为由发生的时间和地点来看，两个事件很明显的是有所关联。但到底 UFO 为什么要攻击碉堡呢？在会议中一位美国士官根据空军的资料做了以下的说明：

"自从人类发射史普多尼克 1 号人造卫星之后，就相继地发生 UFO 事件。这代表外星人对地球人类进出宇宙已经提出警告。"

但是这个假设在有人提出"为什么科技远胜地球人的外星人要对人类提出警告呢？又为什么不攻击发射史普多尼克卫星的苏联呢"的疑问后便被推翻。但从 12 年后人类便登陆月球，实现了宇宙旅行这件事来看，这个警告来得并不是太早。

知识点

人造卫星

人造卫星是指环绕地球在空间轨道上运行（至少一圈）的无人航天器，

也是发射数量最多、用途最广、发展最快的航天器。人造卫星发射数量约占航天器发射总数的90%以上。人造卫星基本按照天体力学规律绕地球运动，但因在不同的轨道上受地球引力场、大气阻力、太阳引力、月球引力和光压的影响，实际运动情况非常复杂。1957年10月4日，苏联成功地把世界上第一颗绕地球运行的人造卫星送入轨道。我国于1970年4月24日发射了自己的第一颗人造卫星"东方红一号"。

按用途分，人造卫星可分为三大类：科学卫星、技术试验卫星和应用卫星。按运行轨道分，可为低轨道卫星、中轨道卫星，高轨道卫星、地球同步轨道卫星、地球静止轨道卫星、太阳同步轨道卫星、大椭圆轨道卫星和极轨道卫星。

延伸阅读

不明飞行物"护航"巡洋舰

1942年2月26日，荷兰巡洋舰"号角号"被一个陌生的空中物体连续跟踪了3个小时，巡洋舰上的船员说那个物体是"一个像是铝制的圆盘"。银灰色的"圆盘"并不攻击巡洋舰，而只是好奇地尾随着它，也不害怕舰上全都向它瞄准的炮口。荷兰人发现这个奇怪的物体并无恶意，于是放弃开炮的念头，只是惊愕地注视着空中"圆盘"的复杂操作。为巡洋舰"护航"了三个小时后，"圆盘"突然加速升高，以每小时约6000千米的速度消失了。

坠落在凯克斯堡的神秘物体

1965年12月9日15时，加拿大以及美国密歇根、俄亥俄和宾夕法尼亚州的众多目击者看到，"一团巨大的火球"从天际划过，随后在宾州小镇凯克斯堡外的树林中降落，并腾起了一团蓝烟。

当好奇的当地人试图赶去察看时，全副武装的陆军和空军士兵很快赶到，封锁了现场，严禁任何人靠近。

不明飞行物坠落凯克斯堡外森林

当晚，宾州当地多家媒体派记者到现场调查事件的真相，但无一例外地遭到了军方的阻止，数百名记者和看热闹的当地人不得不在警戒线外守候，希望能看到军方究竟找到了什么。

随着夜色渐深，不少看热闹的人都离开了。几个好奇心特别强的当地人试图抄近道进入树林里，但还是被士兵赶了回来。

午夜时分，有人看到了奇怪的一幕——一辆军队的大平板车载着用雨布盖着的神秘物体飞快地驶离了现场。

第二天，宾州早报《宾州论坛评论》以"不明飞行物坠落凯克斯堡，军队封锁整个地区"作为头版头条，但同城的晚报头条却变成了"搜索行动没有发现任何物体"。美国官方也众口一词地说，在12月9日晚的凯克斯堡神秘飞行物坠毁事件的现场没有发现任何东西。

事实果真如此吗？

据事件的目击者、美国著名的爵士音乐家杰里·贝特兹回忆，事发当时，他就在当地，所以也和大家一起赶去看热闹，他们刚抵近现场，士兵就拿枪瞄准他和他的朋友们。当他们不得不离开时，恰好看到那辆军队的平板车载着一个外形如钟状的神秘物体离开。美国宾州一位知名商人后来也说，当时还年幼的他和一群小朋友本来打算偷偷溜进现场看神秘的坠落物，但同样被士兵阻止了。军队的态度如此之严厉，以至于他和小伙伴们都觉得士兵们真想杀了他们。

如果这真是彗星坠落，或者正常的天文现象，那么全副武装的士兵何必如此紧张？

究竟是谁下令武装士兵包围了事件现场？

凯克斯堡当地WHJB电台的记者兼新闻编辑约翰·莫菲是第一个抵达现场目睹了神秘物体的唯一目击者。据他的前妻伯尼·米斯兰格回忆，他抵达UFO降落现场后，拍了许多卷照片，多数胶卷被随后赶来的宪兵没收，但其中一卷因为隐藏得当而幸免被搜到。WHJB台长马贝尔·马扎也证实，他清楚地看到其中一张照片上有一个钟状的怪物。在接下来的几个星期里，莫菲一直致力于揭秘这一事件，并且着手录制一盘名为《树林里的怪物》的纪实报道，里面包含他的亲历和对目击者的采访。

就在纪实报道即将播出前两天，两名身穿黑色西服、自称是政府官员的男子找到了莫菲。他们要求与莫菲到电台密室"谈点事"。

这次会面持续了30分钟。据WHJB的前员工琳达回忆说，那两人没收了莫菲的录音带，也没有人知道莫菲当时拍的照片都到哪里去了。

在这两名男子拜访莫菲一周后，删节版的采访节目终于播出，但里面根本没有提到任何UFO。更奇怪的是，莫菲从此性格大变，完全中止了对UFO的调查，并拒绝与任何人再谈此事。

1969年，莫菲被一辆没有任何牌照的小轿车撞死。警方断定，这是一起"交通逃逸事件"。但这起案件至今仍没有破获。

1990年，空军的一名宪兵在接受美国《不解神秘事件》栏目采访时透露，他便是当年守护过凯克斯堡神秘怪物的警卫之一。据他讲，那是1965年12月10日凌晨，凯克斯堡神秘物体运抵哥伦布市的洛克伯尼空军基地。那个神秘的物体在基地内的一幢房间内打包密封后被转移到了附近的怀特—彼得逊空军基地，从此不知所终。

在接受采访后不久，这名一向身体健壮的宪兵因"心脏病突发"意外死在了驾车的途中。

从那之后，凯克斯堡事件一直被各方提及，但美国官方一直拒绝就此事件做出进一步的解释。

2003 年，在美国科技界颇有影响力的科幻频道重新就此事件展开大规模的调查。该频道派出的三个科学家小组对凯克斯堡 UFO 坠落或者降落地点进行了全方位的勘测，结果发现，那里的土地没有被撞的大坑或者其他撞过的痕迹，这说明当时的 UFO 是控制降落而非坠毁。这与众多目击者看到的 UFO "缓缓划过天际"不谋而合。

2005 年 12 月，在凯克斯堡 40 周年纪念日前，美国宇航局意外发表声明称，他们当年确实在凯克斯堡发现过一些金属残骸，但那是重新进入大气层的"苏联卫星残片"。至于美国宇航局直到 40 年后才开口承认凯克斯堡确实有空中坠毁物，美国宇航局发言人则解释说，那是因为"档案放错地方"了。

2007 年年初，多个新闻机构和民间人士根据《信息公开法案》，要求美国宇航局公开当年此事件的绝密档案。美国宇航局极不情愿地公布了约 40 页的文件，但人们发现这显然不是完整的档案，因为最重要的内容已经不翼而飞了。

当他们要求做出解释时，美国宇航局却表示，他们公布这些文件只是为了让专家看看当时究竟找到了什么，以及找到的是什么东西。当专家们断定它是苏联卫星残骸之后，这事也就完结了。而不幸的是，许多与此相关的文件后来放错地方，再也找不着了。

然而，美国宇航局负责空间残骸的首席科学家尼古拉·L·约翰逊后来协助美国科幻频道的调查记者雷斯利·凯恩查了 1965 年太空残骸的跟踪档案，结果并没有发现任何苏联卫星残骸坠入美国的记录，当天也没有任何其他人造天体残骸重返大气层的记录。

在这种情况下，美国宇航局于 2007 年 10 月 26 日答应将重新核查档案资料，但态度并不积极，结果引起华盛顿法官的强烈不满，于是勒令美国宇航局年底前找回"失踪"的档案。

事实上，自从凯克斯堡事件发生后，各方对坠毁的神秘物体有着不同的猜测。有的说它是陨石，有的说是美国的秘密军事飞行器，有的说是外国卫星残骸。但随着时间的推移，各种迹象越来越显著地表明，这个神秘的事件应该与"天外来客"有关，美国政府为保守地外先进技术的秘密，因此才将真相隐瞒了这么多年。

真相究竟如何？只有等美国宇航局把档案完全解密了我们才知道。

▶▶ 知识点 ▶▶▶▶▶

陨　石

陨石也称"陨星"，是地球以外未燃尽的宇宙流星脱离原有运行轨道或成碎块散落到地球或其他行星表面的石质的、铁质的或是石铁混合物质的物体。大多数陨石来自小行星带，小部分来自月球和火星。

陨石根据其内部的铁、镍金属含量高低通常分为三大类：石陨石、铁陨石、石铁陨石。石陨石中的铁、镍金属含量小于等于30%；石铁陨石的铁、镍金属含量在30%～65%之间；铁陨石的铁、镍金属含量大于等于95%。目前，全世界已收集到4万多块陨石样品。

📙 延伸阅读

频发的 UFO 坠毁事件

1959年9月24日，美国俄勒冈州雷德蒙机场附近出现一个UFO，6架F-102战机奉命截击。当飞机接近UFO时，它忽然消失，继而又突然从底部喷出一股"烟气"。前面的飞机迅即闪开之后，后面的都进入了跳动的"烟气"旋涡。飞行员们一时弄得手足无措，最后虽然勉强飞出来，但都吓出了一身冷汗。

当然，人机毫发未损，这些外星人是够"朋友"的，但有时外星人也会进行还击。1974 年秋的一天，朝鲜半岛滨城大雾弥漫，突然一个直径约有 100 米的椭圆形飞行物从雾中钻出来，进入空军警戒空域。基地指挥部立刻下达了攻击命令，一枚隼式飞弹随之腾空而起，然而，还未接近目标，一道白炽强光准确地击中运载火箭的弹头，弹头像火烧蜡烛似地给熔化了，正在官兵惊慌之时，UFO 倏地在雷达荧光幕中消失了。

有时候，攻击者会惨烈地遭到毁灭。1948 年 1 月 4 日，一个巨型 UFO 飞临美国某重要空军基地。托马斯·曼特尔上尉和几名飞行员驾驶 P-51 野马式战机紧急起飞。当发现目标时，曼特尔下令开火。然而，UFO 红光一闪，P-51 战机立即变成碎片，事后，搜查发现这些碎片连拳头大的一块都没有。

1957 年 7 月 24 日，苏联一群"米格-16"战斗机正在千岛群岛的炮兵基地上空进行战斗演习。突然，一个 UFO 高速向机群飞来，在离机群 300 米的地方骤然紧急刹住，静静地悬在了空中，令几名目击此景的飞行员瞠目结舌。地面指挥部急忙命令：立即远离危险区！哪知，还没等机组人员执行此项决定时，UFO 对着机群喷出一条巨大的火舌，离它最近的一架飞机顿时起火，飞行员急忙跳伞，其余几架飞机赶紧向四面飞开。

"立即以炮火还击！"地面指挥官一声令下，全岛所有的炮火一起对准 UFO 射出一发发愤怒的炮弹。但没有一发击中目标！只见 UFO 以极快的速度飞离炮火袭击区，几秒钟之内便在人们的视线中消失了。

UFO 被击落的事件也曾发生过。1986 年初，苏联一架米格机在例行试飞时看到一个直径约 18 米的 UFO。驾驶员以迅雷不及掩耳之势撳动热导导弹按钮，将 UFO 击落。被击毁的 UFO 坠落在波罗的海。机上的摄影机摄下了这一事件的全部过程。

当然，某些坠毁的 UFO 不是人为的，而是由于它们本身的机器故障造成的。

据中国清代《玉山县·杂类志》记载，明末崇侦 8 年乙亥 5 月的一天，"是日二鼓雨止，微月出城上，望空如有物挟两炬蜿蜒至，俄而黄谷山陷一穹。

烟出微腥，有物破殿角旁屋入河。"这可能也是一起 UFO 陷山破屋的坠毁事件。

在尼泊尔也出现过一起 UFO 的坠毁事件。1990 年初，坠毁的 UFO 被登山者发现，尼泊尔当局邀请美国专家一起回收。据说，UFO 上的这些外星人的遗体约 1 米高，头和眼睛格外大，四肢却很小，显得柔弱无力。还发现了一种地球上从未见过的金属残片。

美国这类事件比较多。在 1948 年，在德克萨斯州的拉富多，坠落一个直径为 30 米的 UFO，内有一具秃脑袋、体长 1.4 米、没有拇指的类人生命体。

1953 年，在亚利桑那州的金曼，有一个状如两个碟子扣合在一起的椭圆形 UFO 坠毁，内有一具皮肤呈深褐色的类人生命体。

1962 年，在新墨西哥州霍洛曼空军基地附近，也有一个直径为 22 米的 UFO 坠毁，内有两具大脑袋、大眼睛、皮肤暗红的类人生命体。

这里，很值得说一说比尔牧场的坠毁事件。

1947 年 7 月 3 日半夜，新墨西哥州牧场主比尔·布雷泽尔，听到一声奇怪的爆炸声，立刻骑马去看他的羊群。他发现许许多多胶杉似的小木条和金属片覆盖在田地间。小木片质轻而坚硬，不折不燃，金属片有奇怪的象形文字。此外，比尔·布雷泽尔还发现一个损坏的巨大的碟形物，以及几个类人生物——有的还活着。他急忙向郡长和空军基地报告。军方火速赶到现场，设了警戒线，拉走了 UFO 残骸和外星人，并叮嘱比尔不准向任何人泄露此事。然而，空军基地报导员沃尔特·豪特却在一篇报道中透露说："许多关于 UFO 谣言于昨天变成了现实。昨天第 509 航空联队的情报机构在当地某牧场主的合作下获得了一个 UFO 的残骸。"

UFO 坠毁，尽管有种种因素，但主要是机件故障。这也说明，UFO 虽然先进，但并不是完美无缺的。

UFO 在空中制造的圈案和符号

飞碟上的外星人也应该有自己的思维、语言和文字，用以传达信息。看来，在全宇宙中，无论是人类还是类人生物以及我们所说的外星人，都遵循着共同的文化、文明发展轨迹。

很久以前人们就发现，有些飞碟表面带有某种符号和奇怪的文字、图形。在美国《蓝皮书》档案中，有一份由当时的目击者墨西哥警察洛尼·扎莫拉提供的材料。他在这份目击报告中说："我曾亲眼目睹过一个卵形飞碟，旁边还站着几个类人生物……据我分析，这可能是些身材不高的来自外星的成年人或大孩子。没用多长时间，它就在哨声和轰鸣声中飞走了。地上的草被它烧焦了，留下明显的着陆痕迹。"

著名天文学家、飞碟专家、美国空军 UFO 问题顾问海尼克博士对这起事件得出结论："1964 年 4 月 24 日下午在墨西哥索科罗岛发生的卵形飞碟着陆事件，是一起人体能明显感触到的真实事件。"最重要的是，目击者洛尼·扎莫拉还发现那个卵形飞碟的表面带有一个奇怪的符号。

更令人难以置信的是，有时在一些不明飞行物上还带有地球上的字母和数字。在美国《蓝皮书》档案 UFO 目击录中，有一份来自美国加利福尼亚州天普市的报告：1966 年 3 月 22 日，一个叫维·雷克斯顿的目击者看到天空中出现一个带水平翼和襟翼的鱼形飞碟，尾部喷着火焰，外壳上带有 "T14768"或 "T14168"的标志。维·雷克斯顿在空军基地工作多年，他深知这个发现将会引起的震动。军事人员详细调查了该飞碟的着陆地点后，认为该事件是真实存在的。他们还找到其他一些亲眼看见的人。

类似的事情在苏联也出现过。1967 年 10 月 10 日，苏联地球物理观测站研究员瓦连金娜·德米特莉琳卡，在季克西港上空发现一个由红色和浅黄色光交织成的某种难以置信的生物，它有一张某个地方令人熟悉的美丽"面孔"，这张"脸"像是用发光的宝石组成的，犹如一双星星般的眼睛在看着我们……1990 年 4 月 21 日，在俄罗斯奥廖尔州的帕斯罗沃村，很多人看到空中出现一些光球，光球表面有类似罗马数字的符号。这些符号像我们地球上的飞行器上印有的标志和文字一样固定而清晰，但是，在俄罗斯赫尔松州曾发现一个飞碟，它上面带有可变数字：飞碟上的数字由 "14"变为 "157"。更令人费解的是，在飞碟的外壳上有时还直接出现一些投影式的人脸、人体或其他一些离奇古怪的形体。1990 年 3 月 14 日至 15 日夜，在俄罗斯南乌拉尔铁路的卡塔尔车站，列车记录值班员留德米拉·希兰杰娃讲述道："我们在交接班时才得

知，在前一天曾出现一个飞碟。可是，第二天晚 6 点 30 分，在离我们约 500 米处的车站天桥附近，又出现一个'火球'状飞碟，它最开始是红色，后来变成淡黄色，还发现在'火球'飞碟里面有某种人脸似的东西。9 点 30 分，'火球'离我们更近了，并悬停在空中纹丝不动，随后眨眼间又失踪了……"

飞碟上还常出现一些更复杂的图像。1989 年 8 月 8 日，俄罗斯某仪表厂厂长尼古拉·鲍伊卡发现空中出现一个圆柱形飞碟，它悬停在半空中一动不动，突然，从飞碟底部向地面射出一道光柱，这时，有几个类人生物出现在飞碟光柱中，他们顺着光柱徐徐降落到地上。接着，这个神奇的圆柱形飞碟像一个能伸能屈的窗帘一下子舒展开。奇怪的是，展开后的长方体像电视荧光屏一样开始发光，从侧面看去它呈现出一个站着的女人形体：白脸黑发，高高举着一只手，手指跟人一样是五个，看起来很细长。她旁边还站着一个与其形态相同的带胡子的黑发男人……这一现象已被合成照片，正如照片上所显示的那样：那个圆柱形飞碟展开后很快又合上了，然后又再次展开、合上……

人们对飞碟能在晴朗天空中"塑造"出如此之多怪异的形象的奇功异能惊叹不已。而且，飞碟在变幻出这些现象后马上失踪。飞碟留下的这些变幻莫测的空中奇观能以烟雾和光的形式存在。

知识点

襟翼

襟翼，航空术语，特指现代机翼边缘部分的一种翼面形可动装置，襟翼可装在机翼后缘或前缘，可向下偏转或向后（前）滑动，其基本效用是在飞行中增加升力。依据所安装部位和具体作用的不同，襟翼可分为后缘襟翼、前缘襟翼、开缝襟翼等。后缘襟翼位于机翼的后缘，把它的位置移到机翼的前缘，就变成了前缘襟翼。在大迎角下，前缘襟翼向下偏转，使前缘与来流之间的角度减小，气流沿上翼面的流动比较光滑，避免发生局部气流分离，同时也可增大翼型的弯度。开缝襟翼可以装在飞机前缘上，是一条或几条附着在机翼后缘的可动翼片，平时与机翼合为一体，飞机起飞或着陆时放下。襟翼片能够增加机翼的面积，改变机翼弯度，同时还会形成一条或几条缝隙。增加面积可以提高升力，形成缝隙可使下表面的气流经缝隙流向上表面，使上表面的气流速度提高，可较大范围保持层流，也可使升力增加，并能减少失速现象的发生。

延伸阅读

"卍"是记录 UFO 的最早符号

为什么说"卍"是 UFO 的最早的记录符号呢？因为它们两者之间有相似之处。

目前，据考古发现，最早的"卍"符号，是出现在距今 7000 年左右的河姆渡文化遗址中的刻花陶豆和刻纹陶纺轮上。刻花陶豆为泥质灰陶圆钵形，盘内有旋转的"卍"符号与四鸟合一的抽象图案。在世界上其他地区，原始氏族部落的"卍"图像艺术，分布的地域非常辽阔，延续的时间绵绵不断，经久不衰，充分地表现了它的生命力。西方一些研究者认为最早的"卐"形纹饰见于埃及第十二王朝时期的域外的塞浦路斯和卡里亚陶器残片上。欧洲的"卐"形纹饰在各个地区都能见到，而且其出现的时间也很早。玻里尼西亚人、南美洲和中美洲的玛雅人、北美洲的纳瓦霍印第安人，也都用过"卍"的符号。尔后又在多个教派中固定使用。"卍"的产生像任何文字的产生一样，它的起源与发展是一个漫长的历史进程。"卍"应该是一个记事符号，用抽象的图画来记录一句话或一种现象。如果说是记事，那么在远古时，有什么自然现象与有动态感的"卍"形状相雷同呢？有的学者认为"十"字相交的点象征太阳，向四周延伸的就是光芒四射。所以说"十"字是"太阳"的象征，而"十"字符则与"卍"相关。太阳是不会旋转的，但为什么会有动态

71

感的符号呢？从"十"到"卍"的形成，绝对不是凭空想象出来的，它的出现应该与自然现象有着密切的联系，而其中必有当代人意想不到的演进过程。古代先民崇拜太阳，把人的祸福归于上天，但上天又是如此的高不可攀，怎么样才能与上天的神灵沟通呢？他们在自然界中发现了圆盘状发光体的UFO，它能从天而降，又能腾空而起，正好可以借助它的力量达到实现与上天神灵沟通的目的。但UFO既然能担当如此重任，那么用什么符号代表呢？这就与象征太阳的"十"字联系到一起了，二者均为发光体，UFO还能旋转飞行，所以就在象征太阳光芒四射的"十"字的四个顶端加上了有动感的线段，以此来区别太阳与UFO。这样一来静止的太阳符号也就变成有动态感的"卍"符号了。

沙格港海中的不明飞行物

1967年10月4日晚上10点，加拿大东部新斯科舍省。

年仅12岁的克里斯·斯泰尔斯正准备睡觉。突然，他看到一个橙色的亮光沿着海岸线移动。由于那道光线很暗，看不大清楚，于是他抓起外套，迅速地冲出大门，跑到了海边。当他跑到海边的时候，看到一个奇异的橙色球体正沿着海岸线盘旋着。那个物体直径大约有20米，颜色如同一根在壁炉里烧得发红的拨火棍，离水面大概有3米，没有发出任何声响。斯泰尔斯感到十分害怕，于是马上逃离了现场。而此时，那个物体飞越了整个港口。1小时后，在位于半岛南端的沙格港村里，18岁的渔民劳里·威肯斯正和三个朋友一起开车回家，突然，天空中一个奇异的物体吸引了他的注意力。

威肯斯先是看见天空中有一个橘黄色的发光物，之后发现它变成了两个，后来又变成三个，再后来又变成四个。它们全都沿着水平线飞行。威肯斯驾车沿着公路飞驰，试图将那些奇怪的光芒保持在视线内。但是那些无声的物体开始以45度角滑落，然后被树木彻底挡住了。

在几千米以外，18岁的诺曼·史密斯正与一个朋友开车回家。当经过熊角树林的时候，他们也看到了天空中的亮光。那些奇异的亮光让他们不禁驻足观望。史密斯对着那些光盯了一会儿，他的好奇渐渐变成了一种恐惧，因为他从来没有见过那样的东西。而劳里·威肯斯则和他的朋友们一路追踪着那个奇怪的物体。突然，他们看到一道光一闪而过，随之听到一个呼啸的声音，像是一颗落下的炸弹。他们猜测它可能落入了港口，于是便加速朝着海边驶去。当他们到达山顶的时候，看到在港口中有一个淡黄色的、半球形的亮光沿着港口在向下漂移。他们以为发生了坠机事件，于是威肯斯驱车飞驶到最近的一个电话亭，给当地的加拿大皇家骑警队总部打了报警电话。

发光物体降落海中

从第一个发现 UFO 到报警，一共用了一个半小时。在这一个半小时的时间里，这个不明飞行物飞越了大半个省。

皇家骑警队是加拿大的国家警察部队。11 点 25 分，值班的警察一接电话，就听到了威肯斯激动的声音。听完威肯斯的叙述后，值班警官表示怀疑。但他刚放下电话，其他的电话就蜂拥而至。他们都来自于附近，而且都叙述了同样的事情。

有了如此多的目击者，加拿大皇家骑警队再也不能坐视不理了。

与此同时，目击者诺曼·史密斯也在忙着通知人们，港口的上空出现了一个神秘的物体。史密斯跟着警车来到一处海滨停车场，那里已经聚集了一

群围观者。现场的居民和加拿大皇家骑警队的警官们观察着这个暗黄色的亮光从海岸向外漂移了大约 300 米。现场的每个人都确信，他们见证了一场坠机事件。当晚 11 点 38 分，其中一名警官给救援协调中心打了电话，并且与附近的海岸警卫队快艇取得了联系。周围地区的灯塔看守人也进入了警戒状态。

与此同时，加拿大皇家骑警队临时拟订了救援计划。他们开始联络当地的渔民，征用船只前往坠毁地点。

消息发布后，居民们立刻投入行动。午夜前，两艘搭载着数名志愿者的船只全速朝着开阔的水域行驶。

探照灯的光束以十字交叉的方式照在黑暗寂静的水面上，搜救行动开始了。船上的气氛很紧张，救援人员准备面对一个漂浮着尸体和飞机残骸的可怕场景。

发光物体停留新斯科舍省海面

在最初的几个小时里，当地的渔民、警官和海岸警卫队的队员仔细搜索了港口的水域，他们没有找到任何残骸碎片，但却看到了更为奇异的景象。

水面上漂浮着一条长长的泡沫，颜色发黄，像香槟酒。渔民们意识到，这些神秘的泡沫与坠入海中的物体有关。奇怪的泡沫很快就融入深暗的水中。但是比这些泡沫更令人不解的是，现场没有留下任何残骸。如果真有什么物体坠入了沙格港的海里，也已经完全消失不见了。

　　救援协调中心分别与位于新不伦瑞克省蒙克顿的空中交通管制中心和位于安大略省北湾的北美防空司令部进行了联系，以确定是否有民航、商务飞机或军用飞机失踪的报告。

　　他们获得的信息表明：没有任何飞机在沙格港坠毁。他们开始意识到，这可能是来自太空的不明物体。那么，这些黄色的泡沫可能是什么呢？是不是飞船上泄露的燃料？

　　第二天太阳升起的时候，整个村子都笼罩在恐惧和疑惑中。这时候传来消息称，没有找到任何残骸。政府没有发布任何信息，但各种推测如野火般迅速传开了。最终，救援协调中心发布了一项声明，排除了发生飞机坠毁的可能性。

　　10 月 5 日上午 10 时 20 分，救援协调中心向加拿大武装力量总部发了一份标注为"优先级"的电报。电报简要报告了沙格港居民和皇家骑警队警官所看到的一切，将坠落在沙格港的物体称为"暗物体"。

　　在电报中，救援协调中心将这个可疑的物体归类为 UFO。与以往不同，在这起事件中，最先使用"UFO"一词的是官方而不是目击者。

　　10 月 5 日晚，加拿大军方空军中队长威廉·贝恩对救援协调中心的电报进行了仔细研究后，向加拿大海事指挥部发了一份加急电报。电报建议立即对该地区进行水下搜寻工作。如果那个神秘的"暗物体"没有留下任何漂浮在海面上的残骸，那么潜水队可能会在水面下找到些什么。海事指挥部做出了回复，从哈利法克斯的海军舰队潜水部队派遣了一支潜水小队。他们于10 月 6 日抵达事发地点，并从海岸警卫队的第 101 号快艇的甲板上跳入海中。潜水员抵达了现场，他们对港口水域进行了粗略的分区，每个区域长800 米、宽 2400 米。新斯科舍省附近水域的能见度通常十分有限，最多只有大约 6 米，水里到处都是浮游生物。而搜索的设备却很简陋，只有在水下使用的手电筒。

　　当天，海事指挥部又额外派遣了三名潜水员前往事发地点。搜寻工作在不断深入，沙格港的人们都希望真相能够水落石出。

　　10 月 8 日，海事指挥部下令结束水下搜索。他们宣称，三天的搜寻工作"毫无结果"。沙格港事件因为加拿大《先驱纪事报》的有关报道而为公众

所知。然而，正当记者准备继续跟踪报道这一事件时，他却被告知停止手头的工作。据说，这是因为一些科学家和学术界人士决定淡化这一事件的神秘色彩。很快，有关这个事件的报道就从报纸的头版退居到了背页。一个月之后，就很难再找到相关的报道了。

1992年的一个夜里，当年沙格港事件的目击者之一克里斯·斯泰尔斯在他的家中看了一集《罗斯威尔事件》的纪录片，这让他不禁想起已经被人们遗忘了的沙格港事件。他清晰地记得，政府并没有否认他们相信这是一个真正的UFO事件。斯泰尔斯决定亲自对沙格港事件进行调查。他利用加拿大的《知情法》，请求加拿大国家档案馆和国防部提供有关文件。几周后，政府文件以微缩胶卷的形式送到了哈利法克斯图书馆的分馆。一项缓慢而乏味的调查开始了。

在这些解密文件里，加拿大官方使用了UFO这个词，而不是目击者率先使用，这是全世界唯一的一次。这也使得这次事件被称为"加拿大的罗斯维尔事件"。

微缩胶卷包含了数千份关于UFO目击事件的文件。斯泰尔斯在微缩胶卷阅读器前一坐就是几个礼拜，直到有一天，他看到有一份文件上标着"UFO"三个大字，下面划了三道横线，而这份文件和沙格港事件有关。突然之间，一切原始材料都摆在了他的面前：救援协调中心发给总部的优先级直发电报、加拿大海事指挥部下达潜水的指示，以及数十名目击者的证供。而此时，他还有1.6千米长的原始文件胶片和个人文档要看。斯泰尔斯意识到，他面对的是加拿大历史上最大的UFO事件。

斯泰尔斯发现了加拿大政府隐瞒的这项绝密工程，决定寻求他人帮助。他与UFO研究者唐·莱杰取得了联系，请他协助进行调查。

对斯泰尔斯和莱杰而言，这些文件表明，加拿大军方所知道的远比他们公布的要多得多。通过对这些解密文件的仔细分析，他们绘制了一条事件发生的清晰时间线。

从文件中发现，10月4日的目击事件并非只发生在沙格港。那天晚上，新斯科舍省各地区的目击者都报告了相同的情况。接着，斯泰尔斯发现有一份目击者证词是来自一个令人意外但又极其可靠的来源——几名经验丰富的民航飞行员。

1967 年 10 月 4 日晚上 7 点 15 分，加拿大航空公司 305 航班上的两名飞行员正驾驶飞机飞行在魁北克省东南部的上空。机长和副驾驶向机舱左窗外扫了一眼，看到了一幅令人震惊的景象。

他们看到，天空中有一个巨大的圆形彩色物体，看起来像一个带着尾巴的风筝。这个物体就离他们的左舷不远，飞行高度略高于他们的飞机。

两名经验丰富的飞行员惊慌失措。他们对着这个奇形怪状的物体观察了几分钟。突然，那个物体发生了爆炸。根据他们的证词，当那架 UFO 消失的时候，他们开始采取躲避行动。经过深思熟虑，飞行员们决定向官方汇报所发生的奇异事件。

在位于哈利法克斯的圣玛丽大学中，斯泰尔斯发现了一份珍贵的 X 档案。这份皇家骑警队的 X 档案生动地讲述了更多有关 10 月 4 日夜里发生的细节情况。其中的一份报告里提到了一位船长的证词。当时，渔船位于新斯科舍省三布罗岛沿海。船员们看到远处有 4 架盒子形状的 UFO，然后又在雷达屏上发现了它们。船长的报告还包含了一些更令人困惑的内容——有关在沙格港东北 50 千米处的谢尔布恩进行的一次水下搜索。那架 UFO 是否在坠毁后从沙格港漂到了其他地方？谢尔布恩城过去曾是加拿大一个军事基地的所在地。这是否与沙格港事件的秘密有关？

事实上，在 20 世纪 60 年代，谢尔布恩基地的官方名称是海洋学研究所，但是其真实身份在冷战的疑云下被掩盖了。这个基地在其全盛时期曾是一个绝密的监听站，为美国海军跟踪苏联潜艇在北大西洋的动向。他们从扩音器中获取发动机噪声和潜艇航行时发出的声音。他们把这些信息输入电脑，此后可以通过信息匹配来辨认是否是同一艘潜艇。加拿大政府是否可能使用这种潜艇跟踪技术来定位一架沉没的 UFO 呢？海军是否曾利用人们将关注焦点聚集在沙格港的时机，在谢尔布恩沿海进行秘密搜索呢？

为了继续进行调查，斯泰尔斯开始寻找那些最了解情况的人，也就是那些实地探查了海底的潜水员。

1993 年 4 月 9 日，其中一名潜水员同意接受斯泰尔斯的采访，但条件是不能公开他的身份。

他说，当时他们确实在水下发现了一些东西，但不是在沙格港。当他们抵达沙格港时，就知道那个物体已经不在那儿了，而是已经沉入到格瓦门特角之外40千米处的海床上，那正是在谢尔布恩基地附近。

那些潜水员被派往了谢尔布恩。他们在水下发现了两个物体，其中一个是用来协助另一个降落的。在谢尔布恩，美国海军的一支舰队和加拿大的船舰就停泊在那两个物体的上方，并监视它们的行动。

这名受采访的潜水员和他的同伴潜下水，惊讶地发现那个物体仍在活动。在海底，他们看到了他们认为是"生物"的东西从一个物体向另一个物体提供协助。

海军的小型舰队对两架UFO进行了几天的观察。突然，在这个紧要关头，一艘闯入加拿大领海的苏联潜艇打断了这次行动。当海军的舰船试图去拦截那艘苏联潜艇时，那两架UFO往回向缅因湾移动，最终冲出水面飞走了。

1967年10月11日晚上10点，正好是沙格港目击事件发生一周后，神秘的亮光又一次出现在天空中。居住在距谢尔布恩56千米处的下伍兹港的一户人家看到了这个景象。

一周后的同一时间，发生了所谓的"洛克兰德·卡梅隆目击事件"。人们看到两个发光体离开沙格港区域，飞向远方。这和那个潜水员的讲述十分吻合，这种吻合令人震惊。

是否正如那名海军潜水员所说的那样，一架外星飞行物真的"坠入"了沙格港呢？一些人坚持认为，那个既能在空中又能在水下行驶的物体，只可能是来自外星球。甚至在今天这个拥有隐形飞机的时代，我们仍然没有制造出同时具有空气动力和流体动力性能的装备。另外一些人认为，在20世纪60～70年代，正是火箭鱼雷（即通常所说的反潜导弹）的开发研制期。在这个过程中，有很多的技术正处于完善和发展的过程，可能会出现一些研制方所意想不到的技术故障，或有残留物溢洒在水面上。由此联想，加拿大海域出现的这些异常情况，有可能是因为军方实验的事故所造成的。

关于沙格港事件的真实情况，至今仍是一个奇异的谜团。也许，只有等到有一天加拿大军方公开他们的档案之时，人们才能最终发现事情的真相。

知识点

海 岸 线

海岸线即是陆地与海洋的分界线，一般指海潮时高潮所到达的界线。地质历史时期的海岸线，称古海岸线。海岸线可分为岛屿岸线和大陆岸线两种，曲折的海岸线极有利于发展海上交通运输，是发展优良港口的先天条件。

冷 战

这里的冷战是指美国和苏联及他们的盟友在 1945 年至 1990 年代间在政治和外交上的对抗、冲突和竞争。由于第二次世界大战刚刚结束，在这段时期，虽然分歧和冲突严重，但对抗双方都尽力避免导致世界范围的大规模战争爆发。其对抗通常通过局部代理人战争、科技和军备竞赛、外交竞争等"冷"方式进行，即"相互遏制，却又不诉诸武力"，因此称之为"冷战"。

延伸阅读

与不明飞行物的空中奇遇

1982 年 6 月 18 日夜晚，一个不明飞行物飞临我国华北北部上空。正在进行夜航训练的 7 名飞行员和参加飞行的全体干部、战士 200 多人，分别在空中和地面目击了不明飞行物，其中一名飞行员在空中单机与之相遇。据目击者观察，这个不明飞行物，于北京时间 22 点零 6 分左右，以光束和橘黄色的球状体出现在地平线上，几经发展变化后，于22点30分以巨大的乳白色半圆体消失在河北省张北县以北上空。

这天晚上，空军航空兵某部组织跨昼夜飞行训练。当时，西北风2~3米/秒，3~4千米上空有少量淡积云，能见度良好。起飞后不久，西北风转东南风5~6米/秒，飞行科目按计划进行。

最早发现这个不明飞行物并与其相遇的，是飞行员刘某。21点55分，他驾驶高速歼击机航行，由于这个不明飞行物向他的航线飞行，导致无线电联络中断和无线电罗盘失灵，迫使中途返场。据他陈述，飞机起飞后，气象条件良好，飞行正常。22点4分50秒，从公会转弯后向土木尔台飞行3分钟时，耳朵里出现噪音，如同积雨云放雷电，塔台指挥员的声音变小变弱，无线电罗盘失灵。22点6分50秒，距离讷都10千米左右，在无线电罗盘指示的方位上，发现地平线上一个明亮的物体似出非出，很快形成一道橘黄色的光束，逐渐上升变亮。约30秒种，光束消失，遂出现一个橘黄色的球状体。10秒钟后，这个球体向他高速旋转而来。在旋转飞行过程中，产生出一圈一圈的光环，呈现波纹状，能够明显地分辨出橘黄、浅绿和乳白3种光色。光环的中心还呈现出火焰，像点燃的火药。约10秒钟后，光环中心的橘黄体发生了像手榴弹爆炸一样的变化，继而出现了一个半圆状体。这个半圆状体急剧膨胀，迅速扩展，瞬间铺天接地悬浮在空中。整个物体呈乳白色，中间深，周围浅，边沿清晰明亮，底部模糊。右下方有一条不规则的竖长形物，约2米长，颜色近似于绿，十分明显。为了避开这个物体，他驾机上升高度至3000米，依然未能奏效。将近土木尔台时，被迫返航。返航飞行5分钟后，物体中那个竖着的长条形突然消失，消失的位置马上出现空白。紧接着几块不规则的黑影从机旁掠过。约10秒钟，那个消失的长条形又在原来的空白位置上出现。当飞机返抵离机场40千米时，无线电罗盘指示和无线电联络恢复正常。22点36分，安全着陆。

飞机与 UFO 在墨西哥相撞

1974 年 8 月 25 日，22 时 7 分。一个宁静的夏日夜晚。

墨西哥，古亚米（COYAME）——这是个在地图上都很难找到的小镇。这里四周都是茫茫戈壁，人迹罕至。这里没有图书馆，没有档案馆，也没有当地的历史学家。正当镇上的居民们准备睡觉的时候，在 800 千米外的地方，美国空军防御系统突然在墨西哥湾上空发现了一个不明飞行物。它飞行高度达到 2 万米，时速超过 4000 千米——如此高水准的东西绝对不是当时地球上的人类所能制造出来的。

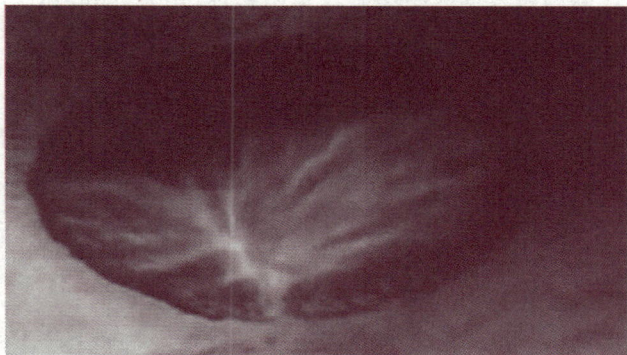

墨西哥发现 UFO 神秘云团

一开始，人们以为它可能是颗流星，但 1 分钟后人们发现，它下落时的轨迹显示出阶段性变化，而流星的轨迹是一道弧线。它的飞行目标似乎是美国得克萨斯州。

22 时 9 分，这个不明飞行物突然左转，在得克萨斯州布朗斯维尔南 60 千米的地方，进入墨西哥领空。

美国方面继续追踪着这个令人费解的飞行器。雷达里显示出来的是，一架小型飞机正朝着这个飞碟飞去。

这架小型民航飞机从得克萨斯州埃尔帕索出发，在夜幕的掩盖下，飞往墨

西哥的首都墨西哥城。但是，这架飞机离开得克萨斯州后，始终没有到达目的地。同时，美国军方的监测部门发现，那个不明飞行物突然在雷达上消失了。

1974年8月26日上午8点，即民航客机在沙漠地区失踪9小时后，墨西哥派出的搜索小组找到了坠毁的飞行器。

在边境的另一侧，上午10时35分，美国情报机构截获了墨西哥军方的无线电报告：失踪飞机的残骸已经找到，就在古亚米郊外。不久，他们又获得一份令人震惊的报告，报告称发现了第二具残骸……但那不是飞机。

据说，搜索小组发现了一种银光闪闪的碟形飞行器。它的表面好像是用抛光金属制成的，直径大约5米，呈流线形，厚度为1.5米。上面没有任何标志，也没有灯，里面也没有尸体。看上去似乎被撞了两次，也许第一次是和客机撞的，而第二次则是撞在地面上。

突然之间，墨西哥方面要求所有搜索活动保持无线电静默。同时，美国方面主动联系墨西哥政府，希望为搜索工作提供"协助"。这个要求遭到了拒绝。

就在墨西哥搜索小组收集残骸的同时，美国也在得克萨斯州比利斯堡忙着组建他们自己的精英搜索小组。这个小组配备的是4架直升机，组建完毕后就一直处于待命状态，随时准备出发。而此刻美国的情报部门则正在密切监测事态的动向。

美国的监控系统显示，墨西哥方面已将飞碟装在一辆卡车上，运离事发地点。随即，卫星照片又有了更惊人的发现：墨西哥方面的护送部队停了下来，似乎是什么地方出问题了。从照片上可以看到许多死尸，显示那里发生了很不寻常的事。

8月27日下午2时38分，美国方面派出了他们的搜索小组。4架直升机连同搜索小组从比利斯堡出发了，士兵们穿着生化防护服，慢慢接近那只悄无声息的护送队伍。

他们发现，那个5米的银色飞碟被固定在卡车上。于是，他们解下固定用的皮带，把它接在那架中型直升机的吊索上。在确认安全的情况下，这个约重700千克的飞碟就被吊起运往美国。

飞碟运走后，小组立即将飞机残骸、护送队伍的车辆、墨西哥搜索小组成员的尸体集中起来，然后用高能炸药全部炸毁。工作完成以后，搜索小组返回基地。

至于飞碟究竟被送到了何处，则始终是一个秘密。有人猜测是亚特兰大，有人说是比利斯堡，还有人说是帕特森空军基地。

没有人知道这次飞碟坠毁事件是不是真的，人们也没有证据来加以证实。只有一些私下的传说提醒人们可能发生过这件事。

1991 年，媒体报道了几十次发生在墨西哥境内的飞碟目击事件。其中许多互不相识、相隔几百千米外的人们，在同一天的同一时间里，看到了同样的东西。

1991 年 7 月，有史以来持续时间最长的一次日食即将出现。而墨西哥是能够目睹完整的少数区域之一。早在一年前，所有的墨西哥人就都知道 1991 年将出现日食。刚过下午 1 点，墨西哥上空的天就黑了。天文学家开始调整望远镜，数百万人都在注视着天空。就在那一天，许多墨西哥人都在用摄像机对准太阳拍摄。令他们难以

日食现象

相信的是，墨西哥全国各地都在日食东边的天空中拍摄到了一个像金属一样的怪东西。一时之间，日食飞碟成为墨西哥举国上下议论的话题。有人马上宣布说飞碟在墨西哥出现，也有人持怀疑态度。

在这个事件发生以后，有一位瑞典的天文学家利用一个计算软件，计算出了墨西哥日食当天的天文景象。他发现在所有人指认出现了不明飞行物的地方，恰恰出现了一颗行星，那就是金星。

金星是从太阳往外的第二颗行星。它的亮度在天空中仅次于太阳和月亮。

在如今仅存的 4 种玛雅抄本中，有一个名为德累斯顿的抄本。这个抄本所记载的信息，包括了玛雅人对日食所做的预测；在这个抄本中，精确地预

测出了1991年的那次日食。抄本中写到：星星的兄弟们会相遇。好像玛雅人早就知道那天会发生飞碟目击事件。这究竟是巧合，还是他们早就知道呢？很多墨西哥人都认为发生了不同寻常的事情。社会上掀起了一股关注飞碟的新高潮。

9月16日是墨西哥独立日，墨西哥会举行阅兵活动。空军出动，飞越墨西哥城。当飞机飞越头顶时，许多人都会用摄像机拍下这一幕。

1991年9月16日，当一位业余摄影师拍摄飞过头顶的飞机时，他同时也拍下了神秘的发光的圆形物体。

1992年9月16日，又发现一个不明飞行物从天空中飞过。

1993年9月16日，当一个直升机中队进行阅兵表演时，一个拥有类似金属外表的物体出现，并从它们的编队中穿过。

3年，发生了3次目击事件。但墨西哥军方对此没有做出任何评论。

2004年3月5日，墨西哥501空军中队执行任务，搜索一架走私毒品的飞机。突然，飞行员看到了一个非常离奇的东西。从雷达上看，这东西似乎在不规律地改变着速度。在追踪时，机组人员打开了前视红外系统，它能拍摄到很多肉眼看不到的东西。

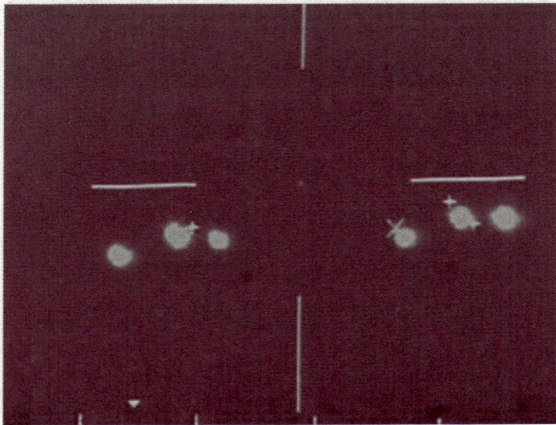

墨西哥上空 UFO

当空军巡逻队接近该物体时，机组人员却找不到目标了，无论是用前视红外系统还是用自己的肉眼。几分钟后，机组人员掉转方向准备返回基地。突然，前视红外系统显示云层中出现亮点，不是1个，而是同时出现11个，似乎正要穿越云层。机组成员觉得这些东西不单单只是跟着他们的飞机飞行，事实上它们把飞机围起来了。这让他们非常惊慌。突然之间，这些光点消失了，机组人员惊魂未定，只好返回基地。

在接下来的几周里，墨西哥军方对此事展开了调查。机组人员接受了询问，分析影像资料并对气象数据进行评估，但是并没有找到答案。

后来，军方打电话给调查墨西哥飞碟目击事件的专家、墨西哥电视台记者热姆·莫萨纳，授权他对此事展开调查，并把录像带交给了他，希望他能在媒体公布这份资料。莫萨纳获准参阅所有的飞行记录、气象报告，还有最重要的是他可以与机组成员交谈。

5月11日，莫萨纳召开新闻发布会，向全世界公布了这份录像带。

有人肯定，也有人怀疑。

这些异常的不明飞行物，将飞碟专家和爱好者们聚在了一起。他们来自全国各地，共同讨论这个国家发生的众多飞碟目击事件。在他们所调查的飞碟事件中，就有1974年发生在墨西哥古亚米的那次飞碟与客机碰撞事件。

一张由维京太空探测器拍摄的在新墨西哥州
白沙导弹基地上空出现的 UFO

1974年8月的时候，是不是真有一架飞碟在墨西哥沙漠坠毁？是否真有一支搜索小组死于未知的生物毒素？

人们也许永远也无法知道真相。但是，在墨西哥，的确发生了许多非常离奇的事情。

知识点

日 食

日食，又作日蚀，是日面被月面遮掩而变暗甚至完全消失的现象。在月球运行至太阳与地球之间时，这时对地球上的部分地区来说，月球位于太阳前方，因此来自太阳的部分或全部光线被挡住，因此看起来好像是太阳的一部分或全部消失了，这就是日食现象。日食分为日偏食（太阳有一部分被太阳挡住）、日全食（太阳被月亮全部挡住）、日环食（太阳的中心部分被挡住）。日食一般发生在农历的初一。

金 星

金星，是太阳系中八大行星之一，按离太阳由近及远的次序是第二颗。它是离地球最近的行星。中国古代称之为长庚、启明、太白或太白金星。公转周期是 224.71 地球日。夜空中亮度仅次于月球，排第二，金星要在日出稍前或者日落稍后才能达到亮度最大。它有时黎明前出现在东方天空，被称为"启明"；有时黄昏后出现在西方天空，被称为"长庚"。

延伸阅读

险些与不明飞行物相撞

2001 年 6 月 7 日，英国 3 名警官在执行任务后驾机返回位于加的夫附近的圣阿萨安空军基地。当他们飞行在距离地面大约 152 米的高度等待地面发出着陆命令时，突然发现一个圆盘状 UFO 正从下方以极快的速度向直升机飞来。

驾驶直升机的警官见状紧急调转飞机方向，才躲过从下方升上来的圆盘状飞行物，避免了机毁人亡的命运。侥幸的是，这个 UFO 并没有对直升机紧追不舍，而是向着北德文郡沿海的方向呼啸而去。3 名警官立刻决定驾驶飞机追了过去，他们追过了英格兰西南部和威尔士南部之间的布里斯托尔海峡。但可惜的是，他们最终失去了 UFO 的踪迹，不得不返回基地。

这架警方直升机上配备着高科技摄像机和监控设备，可令人深感惊奇的是，尽管 3 名警察都用肉眼看到了这架 UFO，但直升机监控摄像机却没有拍下任何 UFO 的踪影。更加令人不可思议的是，尽管 3 名警察在空中可以用肉眼较清晰地看到这个不明飞行物，可当他们戴上夜视镜后，却反而无法看到它。

事后，这三名机组人员都宣称，他们看到的 UFO 像一架圆形的飞碟，并且周围还闪着光。虽然事情有些离奇，但他们相信自己的眼睛。他们已经将这一事件向相关部门进行了汇报，英国 UFO 调查部门相当重视这件事情，已经进行了大量的调查，但调查结果不得而知。

来自不明飞行物的神秘光束

1977 年 9 月，巴西柯拉瑞斯岛上的很多当地居民，声称自己被天空中的不明飞行物发出的光束攻击。这个一向宁静的偏远小岛，完全陷入了恐慌之中。

那时，24 岁的沃莱蒂·卡瓦略医生，是当地医疗机构的负责人。她在岛上只生活了半年。过去几天里，这位年轻的医生发现她的病人数量在不断增加。很多人都说自己被奇怪的光线弄伤了。

村民目击 UFO 发射光束

RENLEI JIAYUAN DE KEREN UFO

起初，卡瓦略医生认为那不过是一种集体幻想。可是，这些病人的症状几乎完全一样，那些伤痕大多在胸口、肩膀附近，伤痕的面积不太大，最大的直径也没有超过15厘米，看上去像是被某种放射线灼伤的。卡瓦略医生此前从未见过类似的灼伤痕迹。受害者们表示，奇怪的光束接触到他们的皮肤时，就产生了那些灼伤。一个女人在自己家中被奇怪的耀眼光束袭击，她的家人把她送过来后，卡瓦略医生给她做了身体检查。病人当时不断地痉挛，牙关紧闭，紧紧闭着眼睛，已经完全失去了正常的生理反应。卡瓦略医生试图让病人的状况稳定下来，然而情况一点也没有好转。她只能把病人送到附近大城市贝伦的医院去治疗。5天后，卡瓦略医生的办公室里，迎来了另一位全身僵硬的病人。据目击者称，当时病人正站在自家的院子里，突然被一道强光击中了。卡瓦略医生把这个病人也送到了贝伦的医院。很快，她收到了医院发给她的有关病人病情的报告。她们都死了，报告上"死因"一栏只写着"不详"。

为什么这两名女患者会因为神秘的光束而死亡？

从这些被灼伤病人的病状来看，他们有点像一种心理性的疾病——癔症。得癔症的人，他们往往会有一些夸张的症状，比如说突然抽搐，或者肚子疼，或者僵硬了、麻痹了等等。但是癔症只是有一些身体症状上的表现，不会真正有一些灼伤或者是器质上的病变的，而这些人身上都出现了一些灼伤。另外，癔症通常是不会造成死亡的，而本次案例里有两个人都死亡了。

卡瓦略医生希望尽快结束这场莫名的恐慌，于是，她联合其他城镇的官员，共同向市长求助。

1977年9月，市长联系了巴西空军地区司令部。当年的10月，司令部派遣奥兰达上校带领一些空军官员、工程师和科学家组成调查小组，前往柯拉瑞斯岛调查那些离奇事件。奥兰达上校的任务被称做"飞碟行动"。

他们一到柯拉瑞斯岛，就发现那里已经完全陷入了恐慌，恐惧令人们无法入睡。

10月，一个温暖的夜晚，23时。巴西柯拉瑞斯岛的居民奥利维耶正在卧室的吊床上睡觉。突然，一道明亮的光穿透了房屋，照亮了整个卧室。光线似乎是从天上照下来的，十分强烈，它甚至穿透了屋顶上的瓷砖，照在了奥利维耶的大腿上，然后很快就消失得无影无踪。那些光一消失，奥利维耶就感到一阵灼痛。他不知道发生了什么事，起来低头一看，腿上有一个红色的圆圈，中间还有一个黑点。

几天后的一个晚上，8 点多钟，当地 24 岁的渔夫奥利瓦多·马拉基亚斯·皮涅罗，与一个朋友正在海滩上撒网。突然，皮涅罗的朋友发现天空中有个东西在低空飞行，还发出耀眼的光芒。那个东西没有发出任何声响，也没有什么气味。两个年轻人非常害怕，立刻向城里跑去。他们惊慌失措地告诉其他居

来自天空的致命光束

民刚才见到的一切。很多人都说过去几周里，曾被那道光束追踪、攻击过。两个小时后，居住在贝伦的《帕拉州日报》的记者卡洛斯·门德斯在办公室接到了电话，柯拉瑞斯岛的居民们说，媒体应该去那里采访报道，那些光不断出现，让人们感到十分恐慌。当晚，他和摄影师就赶到了柯拉瑞斯岛，当地人蜂拥而上，争先恐后地告诉他们自己被奇怪光束袭击的遭遇。有个女人说，晚上在自己家里时，突然，一道光束穿透了屋顶，照亮了整个卧室，她的四肢顿时都麻痹了。第二天发现胸口上有一些印记，好像有人用大头针反复戳扎而留下的痕迹。其他一些受害者，也讲述了类似的遭遇。他们说光线曾经令他们无法动弹，似乎在吸吮他们的血液。卡洛斯·门德斯从未亲眼见过那些光束，他不知道该怎么报道这些奇怪的事。然而，人们脸上的恐慌却是实实在在的。

接下来的两个月里，奇怪的景象又不断地出现。有 80 多个人宣称，自己曾被密集的光束包围。他们的描述大致是：光束从空中照下，照射在人们身上，令他们突然麻痹。他们不明白自己为什么会成为袭击的目标。

当地人变得很警觉。很多妇女和儿童离开了家乡。有些人在海滩上点起篝火，整夜在那里警戒。其他人则待在自己家里，紧紧地锁住房门，担心成为奇怪光束的袭击目标。

这些神秘的光束为什么要攻击人类呢？

调查小组成员在附近的海滩上搭建了掩体，架设好望远镜和摄影机。岛上居民期待他们能够平息恐慌，令小岛重新恢复平静。

来自 UFO 的光束袭击人类

奥兰达上校与一些目击者见了面，其中包括 48 岁的埃米迪奥坎波斯·奥利维耶。上校仔细地查看了奇怪的光束在他大腿上留下的伤痕。接下来的 4 个月里，奇怪的现象依然不断发生。奥兰达上校和他的调查小组，先后访问了 3000 多位居民，拍摄了大量照片，画下很多草图。他们设置的监视系统 24 小时不间断地工作着，但是空军方面从未向外界透露过他们的发现。

一天早上 6 点钟，卡瓦略医生从当地的医疗机构下班回家，突然发现一个女人晕倒在地。她抬头向天空看去，一个圆柱形的物体在大概十层楼高的地方，沿椭圆形轨道不断飞行着。随后，它向着海湾的方向飞去，一直飞向大海。卡瓦略医生一看见它，立刻感到全身麻痹。它的颜色很独特，既不像不锈钢，也不是银色，和任何东西的颜色都不太一样。几乎在同一时刻，空军调查小组通过架设在附近海滩的雷达捕捉到一个信号。就在调查小组忙于用照相机和望远镜聚焦时，那个物体突然消失了。

1977 年 12 月，不明飞行物出现得越发频繁。与此同时，奥兰达上校接到命令，要求他立刻终止"飞碟行动"，交出所有调查资料，返回空军地区司令部。他们搜集到的所有照片、胶片和草图都被秘密收藏起来。那些文件中包括500多张照片和3000多名目击者的采访记录，他们都声称自己曾在亚马孙河的柯拉瑞斯岛上遭到强光的袭击。

接下来的几个月里，有关看到奇怪景象和遭遇异常攻击的报告渐渐少了；在空中看到神秘强光的故事，逐渐变成了当地的传说。

此后，"飞碟行动"一直被尘封于世。巴西空军于1977年针对不明飞行物开展的"飞碟行动"产生的大量绝密文件，都被封存在政府档案中。

1997年6月，《UFO杂志》的编辑杰瓦尔德正在工作，他突然接到一个电话。打来电话的正是当年调查小组的负责人奥兰达上校，他说有话想跟杰瓦尔德谈谈。很快，杰瓦尔德和副编辑马可·珀蒂就赶到了奥兰达上校的家中。他们在上校的家中待了3天，并且拍摄下了整个会谈的过程。

1997年10月2日深夜，奥兰达上校的女儿突然有种不祥的预感。于是，她上楼来到父亲的卧室，当她推开房门，看见了惊人的一幕：她的父亲已经死了！看起来像是自己吊死的。

是精神方面的疾病导致了他自杀？还是另有原因？难道奥兰达上校的自杀，仅仅是因为接受了一次普通的采访？那么，他究竟看见了什么呢？

2004年3月，杰瓦尔德和马可·珀蒂决定采取行动。他们发动了一场名为"UFO信息自由"的运动，希望能够接触到高度机密的柯拉瑞斯岛调查报告。此时，距离奥兰达上校死亡已经6年了。

2005年5月20日，巴西政府终于同意公开档案。杰瓦尔德、马可·珀蒂和其他一些研究人员，来到巴西空军总部，研究那些高度机密的文件。这些文件都已经被封存了30多年，包括了1977年军方开展的名为"飞碟行动"的所有照片和草图。杰瓦尔德和珀蒂相信，这些文件也记录下了柯拉瑞斯岛上的UFO活动情况。

虽然杰瓦尔德和马可·珀蒂没能获准查阅档案中的胶片，但是他们终于看到了"飞碟行动"负责人奥兰达上校拍摄的照片。黑白照片上，明亮的光线照亮了整个夜空。

研究人员获准查阅一些详细描述了与外星飞船相遇的文件。其中包括军方

人员的经历，也有当地居民的经历。文件中，还记载了人们与神秘的强光几次不同寻常的遭遇。

报告最终得出结论，居民身上出现的灼伤伤痕和针刺痕迹可能是由强光造成的。然而，报告没有提供相关的证据。很多问题依然悬而未决。报告并未找出强光的来源，也没有说强光来自外星飞船。直到今天，人们依然无法对柯拉瑞斯岛上出现的神秘景象做出合理的解释。

▶ 知识点 ▶▶▶▶

癔　症

　　癔症也称为歇斯底里，是一种较常见的精神病。常由于精神因素或不良暗示引起发病。可呈现各种不同的临床症状，如感觉和运动功能有障碍，内脏器官和植物神经功能失调以及精神异常。这类症状无器质性损害的基础，它可因暗示而产生，也可因暗示而改变或消失。癔症患者多具有易受暗示性、喜夸张、感情用事和高度以自我为中心等性格特点。

延伸阅读

强烈辐射造成机体受损

在一些UFO事例中，地球上的人们和动物在不慎靠近不明飞行物后，有的会感到身体不舒服，而导致这种后果的原因，则是由于受到了超过正常标准的辐射，从而造成机体暂时的紊乱。

1968年8月，阿根廷门多萨医院的残疾人阿德拉·卡斯拉维莉从窗口看见一艘圆盘形的物体降落在医院的旁边。几秒钟后，该物体重新起飞，并放出一种辐射状的"火花"。阿德拉·卡斯拉维莉脸部被灼伤，昏迷了大约 20 秒钟。等她醒过来时，该不明飞行物已经迅速地飞走了。

阿根廷空军情报处和原子能委员会秘密地调查了此事，发现飞船停留过的地方有一个直径 50 厘米的圆形印迹，土壤呈灰色，放射性程度很高。专家们确认，残疾人被灼伤是强烈而短暂的辐射所致。无论是外伤，还是附带的恶心、剧烈头疼等，都一个月后才消失。法新社断言："经过那里的不明飞行物留下了无可争辩的痕迹。"

1970 年，在芬兰南部吉米亚维村附近的森林，两名目击者埃斯科·维利亚和守林人阿尔诺·赫诺宁滑雪穿过树林。突然，他们听到一种奇怪的"嗡嗡"声，抬头一看，发现一个闪闪发光的物体绕着大圈向他们头顶上飞来。到了离他们数十米的空中，该物体突然停住。目击者发现它被一层明亮的红雾环绕着。过了一会儿，该不明飞行物在一片林中空地降落下来，停留在离他们头顶三四米的地方。两名目击者惊恐万分，一动也不敢动。接着，红雾消散了，"嗡嗡"声也停止了。赫诺宁和维利亚这才看清那物体的样子，它呈圆形，金属结构，直径约 3 米，平坦的底部有三个半圆形，构成一个直角三角形（大概是可伸缩的支架）。物体的中部有一根直径约 25 厘米的管子，几分钟过后，从管内喷射出一束强光，在雪地上投下了一个黑圈，圈内的积雪被光束照得耀人眼目。

经过一系列晃动的怪光之后，一束光投到了赫诺宁身上。接着，飞船又被一层红雾包围住了。目击者惊愕地看见那光束被渐渐地收回管子内，而且始终保持同一形状，仿佛是用空气剪裁成的。接着，那物体升到高空，以令人难以想象的速度消失到西北方去了。

两个芬兰人不幸呆在了离飞船非常近的地方，结果，赫诺宁腹部剧痛，小便变成黑色，身体极度虚弱，持续了将近 1 年之久。维利亚则浑身皮肤发红，很快得了头晕病，身体不能保持平衡。医生们诊断不出这两个目击者患病的原因，但却一致认为，他们受过强烈的辐射。

协和飞机遭遇 UFO 后失踪

　　1978 年 10 月 21 日，从澳洲墨尔本附近的莫拉丙机场，一架协和飞机飞往一片暮色的天空。时值晚上 6 点 19 分，天空晴朗，景色怡人。它的目的地是直线距离约 200 千米左右的南方海上的金格岛。协和飞机预定在岛上装满海产货物，然后马上返回莫拉丙机场。

　　正驾驶弗雷德立克保罗布连地年方 20，但已有近 200 小时的飞行经验，是一位极有前途的飞行员，他为了取得专业的飞行执照，要达到飞行员的规定夜间飞行时数，所以在当日往返金格岛。

　　飞离了莫拉丙机场的布连地，往目的地前进时，看见在西南方，出现一个像是发光的气球般的东西，到了渥太威岬仍看到它的踪影。晚上 7 点整，布连地向墨尔本的控制塔通讯说"通过渥太威岬"。在渥太威岬的海面上，机首面向南方一直前进，过 28 分钟就该到金格岛了。

　　天气状况良好、视线清晰，一切都依飞行计划顺利进行。所以，在这关头，布连地是一点恐怖危险的预感也没有。

协和飞机

　　布连地唯一感到有点异常的是，在通过渥太威岬岭瞬间的那一刻。晚上 7 点 6 分，他向墨尔本控制塔询问"高空 1500 米以下的空中，有无其他飞机?"控制塔回答他"依飞行航程表上记载设有"。可是他却看见，协和飞机的上方，有一架巨大的飞机，这架巨大的飞机，一旦超越过了协和飞机，又会马上折回来再度越过协和飞机的上方。而且像是在戏弄协和飞机似地，一次、二次、三次不停地反复着。

机场控制塔

　　"难道是要追踪我吗?"布连地有点厌烦地喃喃自语。

　　墨尔本的控制塔要布连地确认清楚纠缠协和飞机的机体。于是他报告说"这不是一般的飞机!"接着又说，"形状是细长形，可以看到绿色的灯光、机体似乎是金属做的，外侧闪闪发亮。"之后，控制塔失去了布连地的音讯，且在这之前，便可嗅出危险的讯息了。7 点 12 分，收到他用惨叫的声音说"这家伙在我上面啊!"之后又叫了一声"墨尔本控制塔……"接着通讯就中断了。控制塔的无线电里，在这最后一句话断了的 17 秒钟内，听到一阵卡嗒卡嗒、嗒吱嗒吱、阴森可怕的金属声，然后又迅速被一片静寂笼罩着。此时，7 点 12 分 48 秒，弗雷德就在金格岛的正前方不远处失踪了。

　　接到协和飞机罹难的消息，澳洲的军方马上出动，在空中及海面上展开大搜索行动。可是飞行员和协和飞机的踪影都没被发现。而且在事发后 4 天，仍

未发现机体的残骸或任何的遗留物，这事便成了难解的谜题，而搜索工作也就此打住了。布连地和协和飞机一起在渥太威岬的海面上，被擦掉、抹去似地消失了。

这件意外，在刚开始的时候，仅以普通的飞机失事处理，可是，从控制塔的记录录音带中得知，是有一个 UFO 般的物体介入之后，在国内外引起了极大的回响。否定 UFO 存在的澳洲政府，发表了这样的谈话："在事件当时，因协和飞机翻转飞行，所以将映在海面上的城市的灯光，误认为飞行物体，才坠落到海里。"可是，这架协和飞机的主燃料筒是装在机翼上，无法作 50 秒以上的翻转飞行的。假如是坠落爆炸的话，也不至于会炸个粉碎，并且片甲不留吧！总有一些碎屑会被找寻到。更不可思议的这 17 秒钟的金属声，又作何解释呢？爆炸声不会持续了 17 秒呀！这一切该如何说明呢？

事实上，这件事的开端，应该说是在这件事发生的 6 个礼拜前开始，在澳洲不断地有人看见了 UFO，而在那一天到达了高峰。在布连地失去音讯的那一刻，有好几人看到了发出绿色光的 UFO。他果真是和协和飞机一起被 UFO 俘虏去了吗？不留下任何蛛丝马迹而消失了的协和飞机的真相，完全打消了一般常理的坠落和爆炸的说法的可能性。这当然就是超越一般常理所能理解的，也是 UFO 神秘的一股力量。

知识点 ▸▸ ▸▸▸▸▸

无线电

无线电是指在自由空间（包括空气和真空）传播的频率在一定范围内的电磁波。无线电波含有迅速振动的磁场。振动的速度就是波的频率，不同频率的波段用来发射各种不同的信息。无线电最早应用于航海中，使用摩尔斯电报在船与陆地间传递信息。现在，无线电有着多种应用形式，包括无线数据网、各种移动通信以及无线电广播等。

延伸阅读

协和式飞机

1969 年，第一架协和超音速客机诞生，并于 1976 年 1 月 21 日投入商业飞行。协和式超音速客机是世界上唯一投入航线上运营的超音速商用客机。协和式飞机一共只生产了 20 架。英国航空公司和法国航空公司使用协和式飞机运营跨越大西洋的航线。到 2003 年，尚有 12 架协和式飞机进行商业飞行。2003 年 10 月 24 日，协和式飞机执行了最后一次飞行，全部退役。飞机机翼设计为三角翼，三角翼的特点为失速临界点高，飞行速度可以更快，且能有效降低超高速抖动时的问题。协和号四具引擎更配备了一般在战斗机上才看得到的后燃器（Olympus593，Rolls – Royce）。这架飞机还有个令人津津乐道的特点就是她会"变形"：其一是因为在 2 马赫的飞行速度时，空气摩擦使机体产生高热，因热胀冷缩效应，协和号在飞行时最长会"变长"约 24 公分；其二是她的可变式机鼻，在飞行时直直挺挺的如一根针以利高速切开空气，但是在起降时，机鼻可以往下调 5 至 12 度以利飞行员的视野 – 事实上由于现在多有先进电脑导航仪器辅助，飞行员也不一定非得看见跑道才能起降，这么做只是求个安心，不过庞大的机鼻角度调整设备却白白地浪费飞机的宝贵重量与空间。

自从 1969 年首航以来至 2000 年 7 月，从未发生任何事故，使协和号获得了全球最安全的客机的名声。协和号票价高昂，一张伦敦至纽约的来回票要价逾九千美元，亲自搭乘协和号班机往返欧美大陆成为许许多多人自幼以来的梦想。飞机从欧洲到纽约的航程只需要不到三个半小时，且因为伦敦、纽约时差，英航的协和式飞机四个小时，所以搭乘协和号的旅客最喜欢说："我还没出发就已经到了"。

2000 年 7 月 25 日，协和号客机班机 AF4590 在进行起飞时辗过了跑道上另一架美国大陆航空的 DC – 10 脱落的小铁条，造成爆胎，而轮胎破片以超过音速的高速击中机翼其中的油箱。之后引发失火，导致飞机于起飞数分钟后即

爆炸坠毁于机场附近的旅馆。这是协和号服役期间唯一的一次失事。也是有史以来第一架超音速喷气式飞机失事，这场悲剧造成了 113 人丧命。此次失事促使飞机制造商重新改造机体设计，并修补了诸多缺失。甚至利用防弹衣（Kelvar）原料来保护油箱，以避免油箱以后遭到高速的异物的穿刺。但尽管如此，由于整个失事过程都被民众用家用录影器材拍摄下来，造成社会大众心理上的严重震撼，不论这家飞机以往声望有多高，但仅仅一次的失事就让协和号从此一蹶不振……，虽然协和号客机在 2001 年 11 月重新启航，载客量一直都严重不足。因为对航空公司亏损严重，协和号客机终于在 2003 年退役。

UFO 与"泰坦尼克"号的沉没

　　"泰坦尼克"号真的是与冰山相撞而沉入大海的吗？几十年来，有关"泰坦尼克"号遇难的真正原因一直是科学家们探索和研究的焦点，也是一个令人费解的世纪之谜。要知道，"泰坦尼克"号当时堪称"世界上最大的不沉之船"。

巨型邮轮——"泰坦尼克"号

　　1985 年，海洋勘察人员在大西洋底终于发现了已沉睡 73 年的"泰坦尼克"号。他们在对其残骸进行勘察时，在其右舷的前下部发现一个直径恰好是 90 厘米的大圆洞，叫人百思不得其解的是，这个大圆洞的边缘十分圆滑规整，好像是被一种圆规状切割工具加工后形成的。美国皇家海军舰艇专家雷蒙托·塞兹涅尔会同国际专家组对"泰坦尼克"号船体右舷前下方的神秘圆洞进行水下拍照和测量等综合研究后确认，"泰坦尼克"号是被一种功率强大的激光束击穿后，底舱进水而翻沉的。专家们的理由和依据是，假设"泰坦尼克"号是因撞上冰山而遇难，理应在船体的球鼻首船处或其周围部位留下不规则形洞痕，或船体钢板出现不规则的开裂现象，可是事实并非如此。

美国《旧金山纪实报》记者获得的一份绝密档案中说："据幸存的'泰坦尼克'号船员证实，海难发生时，他们站在'泰坦尼克'号的甲板上观察，发现大海中有一些奇怪的'鬼火'神出鬼没地运动着，这些扑朔迷离的'鬼火'像是从一艘来历不明的'幽灵船'上跑出来的。"

沉没在海底的"泰坦尼克"号

然而，历史学家们最终指责美国人的"加利福尼亚者"号船长斯金尔·洛尔德，就在发生海难的那天夜里，他的船就处在附近海域，面对"泰坦尼克"号见死不救。就在洛尔德船长临终前，他还一直坚持地认为，当时从"泰坦尼克"号上能清楚地看到另一艘来历不明船只的"鬼火"。这一神秘的幽灵船当时正处在"泰坦尼克"号与"加利福尼亚者"号之间的水域。"加利福尼亚者"号的其他船员还证实说："我们亲眼目睹了这艘行踪诡秘的幽灵船，它出现不久便瞬间消失在大洋深处。"

超自然现象专家对沉没的"泰坦尼克"号水下残骸的录像资料和照片进行详尽研究后得出一个令人震惊的结论："泰坦尼克"号是意外遭到不明潜水飞行物（USO）射出的激光束的攻击而进水翻沉的，然后它潜入水中，不久又浮上水面观察"泰坦尼克"号翻沉的惨景。当"泰坦尼克"号沉没后，幽灵船——不明潜水飞行物便飞离这里，或潜入大海深处。进而留下震惊世界的世纪之谜。

随着时光的流失，"泰坦尼克"号却给科学家们带来意想不到的礼物——

泰塔尼克号沉入海中

按照"泰坦尼克"号残骸考察计划，在对船体依次拍摄的一系列水下照片中，发现一些来历不明的神奇发光体。最初，研究人员认为，这可能是某种深水鱼群，不过，当研究人员借助电脑再次对这些水下照片进行更详细分析后发现，确实有一些来历不明的人造发光体围绕着"泰坦尼克"号游弋。乘深潜器亲临海底考察的海洋学家确认，海洋中再也找不到跟这些神奇发光体类似的东西了，它们很像在空中飞行的那些UFO，但又有别于它们，不是那种典型的飞碟，而是类似世界各地的许多目击者见过的那种能量凝聚体。在6幅水下照片中发现8个这种神秘的潜水发光体。

研究人员就上述海洋怪异现象向有关国家的海洋部门进行咨询，却毫无结果。无论海军司令部，还是"和平号"潜艇，对这些会游弋的UFO都未能做出任何解释。另据可靠消息，无论哪一个国家都未在这一海区内进行过任何形式的科学考察或实验。美国政府曾派出一个专门小组就类似海洋怪异现象进行军事调查，但都未能具体查清事实真相。

美国著名飞碟专家伊莱·克罗温博士确认，这些海中不明潜水飞行物似乎来自地外，我们地球上从未有过这类怪物。然而，这种神秘发光体的构造及制造技术对科学家们来说迄今仍是个谜，甚至在21世纪，此谜也未必能够破解。有关这些神秘的发光潜水物之用途至今仍不清楚。或许有人决定帮

"和平号"邮轮

助我们，或许有人前来骚扰我们，还可能他们在面对面地监视着我们。有的科学家推断，他们是否是宇宙人，或许来自我们迄今未知的水下文明，还可能是来自另一个"平行世界"的神秘政客，亦或在大西洋覆灭的自然悲剧中幸存下来的子孙后代——这一切是当今文明人类根本无法确知和破解的超自然现象。

负责这项水下怪异现象研究的勃·贝利博士还证实说："我所担忧的是，我们从来就不知道这究竟是怎么一回事，因为在下一组海底照片中，再也找不到这些神秘的水下发光体的任何'蛛丝马迹'，它们好像是到这里游弋，观察了一阵子后，便瞬间内离开这里去干它们自己的事儿去了……"

知识点

球鼻首船

球鼻首船是指船体首部有一个球形鼻子的船舶，这种船舶从外形到内部构造与一般船只没有什么不同，只是在船首装了个埋在水线下的"大鼻子"。

船首所以装球鼻首是为了降低水的阻力，提高船舶航速，节约燃料。球鼻首船的球鼻形状多种多样：有从前面看上去像一滴水的水滴型球鼻；有在船的前端伸出一个长长的尖角的撞角型球鼻；有的像圆筒，圆筒体顶端是一个半球或椭圆球的圆筒型球鼻；从侧面看上去是"S"形、正面看上去是"V"形的S—V型球鼻，此外，还有柱形、菱形、鱼雷形等各种形状的球鼻。不同形状的球鼻适合不同种类的船舶。

延伸阅读

"泰坦尼克"号的沉没

　　"泰坦尼克"号是一艘巨型邮轮，于1912年4月处女航时在海上沉没。关于它的沉没，学术界一直有着很大的争议，持与冰山相撞导致沉没的人占据多数。1912年4月14日，一个风平浪静的夜晚，"泰坦尼克"号以22.3节的速度在漆黑冰冷的大西洋洋面上航行（极限航速24节）。接到附近很多船只发来的冰情通报，史密斯船长命令瞭望员弗雷德里克·弗利特仔细观察。弗雷德里克·弗利特未能找到望远镜，不得不用肉眼观测。23点40分，弗雷德里克·弗利特发现远处有"两张桌子大小"的一块黑影，黑影以很快的速度变大。他敲了3下驾驶台的警钟，抓起电话报告："正前方有冰山！"。接电话的大副穆迪通知了旁边的默多克。默多克立刻下令打响车钟："所有引擎减速！左满舵！三号螺旋桨倒车！"事后证明这是一个错误的决定。当时最好的选择是所有引擎减速的同时用坚固的船头去撞冰山。这样泰坦尼克号只会船头受损，不会下沉。短短几十秒后，"泰坦尼克"号的右舷和冰山底部发生猛烈碰撞，碰撞使右舷前部吃水线下被划擦出了一个93米长的大口子，所有货舱和六号锅炉房开始有海水汹涌涌入。2小时40分钟后，"泰坦尼克"号船裂成两半后沉入大西洋。

UFO 与 "阿波罗" 飞船的偶遇

"阿波罗 8 号"宇宙飞船的宇航员弗朗克·博尔曼、詹姆斯·洛弗尔、威廉·安德斯进行了首次载人地球轨道飞行,这次飞行是在 1968 年 12 月 21 日至 27 日进行的。当他们一边绕着月球,一边观察未来的着陆地点时,发生了事前未曾料到的情况:他们沿着月球轨道飞至月球背面时,空中出现了一个巨大的 UFO 物体。他们成功地将其摄入镜头,该物体直径足有 16 千米。当他们再次飞至月球背面,准备再拍下一些照片时,巨大的 UFO 已经消失了。这个巨大物体居然是突然消失的,谁也不知道它的去向。

"阿波罗 10 号"宇宙飞船在月球表面飞行时偶遇 UFO,过程是这样的:1969 年 5 月 22 日,在飞船登月舱离开指令舱后下降到距月面还有 7.2 千米时,突然一个 UFO 垂直上升,向"阿波罗 10 号"宇宙飞船登月舱"致意"。"阿波罗 10 号"宇宙飞船的乘员们不仅目击了与这个 UFO 遭遇的过程,还及时将其收入到 16 毫米电影摄影机的镜头里,并拍下了几张照片,但是这些资料从未公之于众。

"阿波罗 8 号"三位宇航员

在月球表面上空或月球表面上有 UFO 出现,这绝非偶然事件。因为偶然事件不会一而再,再而三地发生。这类偶遇也发生在"阿波罗 11 号"宇宙飞船上。当时的情况是:1969 年 7 月 19 日,美国东部时间下午 6 点,人类第一次登月的前两天。宇航员奥尔德林操纵着登月舱,宇航员阿姆斯特朗一边用 16 毫米电影摄影机拍摄月球表面,一边听着地面飞行控制中心发来的关

RENLEI JIAYUAN DE KEREN UFO

"阿波罗 11 号"宇宙飞船宇航员在月球表面行走

于登月舱着陆时应注意事项的提示。就在这时，两个 UFO 突然出现，其中一个比另一个明显大得多。两个 UFO 面向着已进入月球轨道的"阿波罗 11 号"宇宙飞船，从月球表面垂直升上来。这两个 UFO 以惊人的速度到达了与电影摄影机水平的位置，然后两个 UFO 急速改变了方向，迅速横空飞过"阿波罗 11 号"宇宙飞船的左侧。几秒钟后，这两个 UFO 又出现在"阿波罗 11 号"宇宙飞船的上空并降低高度，奥尔德林将摄影机转动了 90°，那两个 UFO 像是愿意被摄入镜头似的，悬停不动了。奥尔德林突然发现在两个 UFO 之间有一道光闪过。地球科学家对此做了如下解释："据推测，也许这道光与 UFO 的动力有关，比如可能在排气。"

奥尔德林惊异地注视着这两个 UFO，这时两个 UFO 分离并同时垂直上升，从宇航员们的视野中消失。据宇航员们透露，当 UFO 上升时可

宇航员奥尔德林

以明显地感到它具有力场，像用日光灯在照射，不过 UFO 并没有就此隐没，不一会儿两个 UFO 中的一个，又回到电影摄影机前，随即又从宇航员的视野中消失。

"阿波罗" 12 号 ~ 17 号宇宙飞船的宇航员的目击记录如下：

1. "阿波罗 12 号"在距月球还有一半路程的时候，乘员们目击到 3 个 UFO，当时宇航员报告说，他们与地面飞行控制中心的通话，被类似消防车警报的声音所打断。在"阿波罗 12 号"宇宙

"阿波罗 12 号"宇宙飞船飞临月球上空

飞船返回地球、降落太平洋之前又看到一个 UFO。

2. "阿波罗 15 号"的宇航员斯科特和欧文看到月球上空一闪而过的飞行物体。

宇航员施密特

3. "阿波罗 16 号"在月球轨道上飞行时，宇航员马丁利看到一个发光物横穿过月球上空，2 ~ 3 秒钟后，不明发光体在月球的地平线上消失。美国科学家法尔克·埃尔·巴斯说："宇航员目击到的这种发光物肯定是 UFO。不管怎样，据我们所知，还没有以如此高速飞行的飞机。无论在月球表面还是月球上空，美、苏都没有那种飞行物。"

4. "阿波罗 17 号"的宇航员伊文思和施密特目击到两个 UFO。

知识点

地球轨道

地球轨道是指地球围绕太阳运行的路径，大体呈偏心率很小的椭圆，其半长轴为 1.496×10^8 千米；半短轴为 1.4958×10^8 千米；半焦距为 2.5×10^6 千米；周长为 9.4×10^8 千米。太阳即位于该椭圆的一个焦点上。地球到太阳的距离变化在 $1.471 \times 10^8 \sim 1.521 \times 10^8$ 千米之间，平均距离为 1.496×10^8 千米。地球轨道所在的平面称为黄道面。

登 月 舱

登月舱是用来载送宇航员在月球轨道上的飞船和月球表面之间往返的交通工具。登月舱分上升段和下降段：上升段为乘员室，气温24度，室内充满1/3大气压的纯氧。下降段装有登月舱向月面降落减速使用的逆喷射火箭，备有火箭的燃料、氧化剂槽、水和氧气槽，还有调查月面的科学仪器。登月舱在月面时，上升、下降段合二为一，但从月球表面再度起飞时，上升段起飞，下降段作为发射架，发射完毕后置留于月球表面。

延伸阅读

UFO 在月球上留下的痕迹

据《中国科技报》及有关资料报导：

1. 宇宙飞船月球轨道二号在宁静海上空49千米高度拍摄到月面上方有方尖石。此事非同寻常，须知方尖石是要用钉湿木楔的方法或使用酸类从岩石中开采的。美国科学专栏作家桑德森对这些奇石做了仔细研究，他认为方尖石上，许多极其正规的图形线条，不可能都是"自然侵蚀"的产物。

2. 在美国执行"阿波罗"登月计划的过程中，宇航员拍下了一些月面环形山的照片。从这些照片上看，环形山上分明留有人工改造过的痕迹。例如，在一座环形山的中心部位，有墙壁及其投影。

3. "阿波罗 15 号"宇宙飞船飞行期间，宇航员再度踏上月球时，休斯敦地面控制中心十分吃惊地听到来自月球的一个很大的哨声。随着声调的变化，传出了 20 个字组成的一句重复多次的话。这陌生的语言切断了宇宙飞船同休斯敦的通讯联系。

4. 月球的表面经常有闪光信号发送出来。

5. 1968 年 12 月 21，"阿波罗 8 号"宇宙飞船飞向月球时，宇航员在距月球背面 100 千米高空，拍摄下第一张显示月球背面实况的照片。约 10 年后，由美国的 UFO 研究学者科诺·凯恩奇揭开了隐藏在第一张月球背面照片中的秘密。他偶然注意到照片中央有一个发亮的圆形物体很可疑，很难令人相信这是月球火山口的影像。于是，凯恩奇对该照片进行了放大处理，结果清楚地显示出月面上原来正停留着大得不可思议的 UFO！在荒凉的月球表面上，这些物体格外显眼。其中一个 UFO，中央部分隆起，并套有 3 个轮廓鲜明的环形物。同时，在它旁边连接着一种马蹄形的装置。在照片上不但有着陆的 UFO，还能看到 UFO 向死火山口降落的景象。

6. 1987 年，瑞典科学杂志《莱顿》透露说，苏联在月球背面有惊人的发现：月球有一座由巨大城墙环绕的"城市"，其内建有若干形状奇特的高大建筑物，并设有一个 UFO 基地。从照片上还可发现金字塔式建筑。苏联的探测器向地球发回了 2000 余张有关这些情况的照片。

降落在蓝道申森林里的 UFO

1983 年 10 月 2 日，英国周末报刊《世界新闻》刊出了一条震惊世界的头条新闻："UFO 降落在萨福克郡——消息来自官方。"

这篇文章称，1980 年 12 月末，一艘神秘的飞船在智能控制下，入侵伍德布里奇—本特沃特斯空军基地上空。最吸引读者的，是这篇文章提供了政府的一份正式备忘录，证实了那些奇怪现象的存在。

那份名叫"不明光束"的备忘录，简要地描述了 12 月底的那次神秘事件。

1980 年 12 月 25 日凌晨 3 点钟，驻扎在本特沃特斯基地（位于英国萨福克郡）的美国空军人员约翰·巴勒斯正在基地的东门处巡逻，这时，他的上司巴德·斯蒂芬斯开着一辆卡车在他的身边停下，他邀请巴勒斯上车和他一起出去转转。于是，两人就一起驾车驶入了附近的蓝道申森林。突然，斯蒂芬斯军士发现，前面森林里透出五颜六色的光，就像圣诞节的布置一样，各种颜色的光一闪一闪的。

这是怎么回事呢？难道，有人在这里秘密地庆祝圣诞节？

两个人都被吓坏了，赶紧驱车回到基地，并使用安全线路立即将此事通知了指挥塔。几分钟后，在空军担任警卫已经有 7 年时间、经验丰富的 28 岁军士吉姆·潘尼斯顿和他的司机就赶到了基地的东门。巴勒斯和斯蒂芬斯领着他们来到了出事的森林里。潘尼斯顿看到，在大约两三百米外，好像有架飞机刚刚坠毁。那些五彩缤纷的光线，似乎是燃料燃烧后发出的。

UFO 发射的光照亮了前方

潘尼斯顿立刻通知中央安全控制室，迅速清查附近是否可能发生了飞机坠毁，他还详细询问了斯蒂芬斯刚才所看见的一切。斯蒂芬斯说那个东西不是坠毁，只是降落。斯蒂芬斯感到十分害怕，无法继续协助调查。于是，他回到车上，而巴勒斯和潘尼斯顿则迅速赶往神秘光线出现的地方。

树林非常茂密，很快车辆就无法继续前进，巴勒斯和潘尼斯顿只能步行。他们向前走了 50 米，发现无线电干扰十分严重。他们在森林中走得越远，无线电信号就越弱。当他们逐渐靠近那片光时，此前做出的关于坠机的推测开始慢慢动摇了——那里没有任何烧焦的味道，四周非常平静。于是，他们走到了一片空地之上。突然，一道明亮的光照亮了整片区域，亮得令人炫目。

潘尼斯顿走到距离那个物体 3 米左右的地方，发现明亮的光芒暗淡了一些。当眼睛适应了周围环境后，他被出现在眼前的景象惊呆了，并立刻用军用相机拍下了当时的照片。那是一艘飞船，呈三角形，大概宽 2.7 米，高 2.4 米，表面十分平滑。无法区分它的正反面，没有在一侧安装发动机，没有驾驶舱，也没有类似的结构。

在走近飞船仔细观察后，潘尼斯顿伸出手去，触摸那艘飞船。它的整体结构很流畅，像是玻璃一样。用手摸起来感觉很温暖，但并不烫手，上面没有任何照明装置。潘尼斯顿注意到那个物体的前面，有 6 个大概有 0.9 米宽的符号。看起来像是某种记号，既不是数字，也不像是某种语言。

突然，那个物体又发出炫目的光芒，向上飞了起来，然后越过了树林。巴勒斯和潘尼斯顿慢慢地站起来，注意力又被树林间另一束光芒吸引住了。起初，他们以为还是那艘飞船，仔细看了看，才发现原来是 8 千米外的奥德福岬灯塔。

巴勒斯和潘尼斯顿检查了一下随身携带的无线电装置，它们又可以正常使用了，此时已是凌晨 5 点钟。

当天早晨，巴勒斯和潘尼斯顿被带去汇报情况。他们一起去了指挥官办公室，把那天晚上发生的事情大概地说了一遍。据潘尼斯顿后来回忆说，当他汇报完情况后，指挥官警告了他："蓝皮书计划" 1969 年就结束了，有些事情最好不要管。

"蓝皮书计划" 是美国空军备受争议的 UFO 调查研究的代号。"蓝皮书计划" 结束之前，它的目标是判断 UFO 是否对国家安全存在潜在威胁。

回到自己的房间，潘尼斯顿无法入睡。最后，他带了一些石膏，又来到那个地方，打算用石膏将飞船留下的痕迹制成模型。潘尼斯顿发现，地上有三个压痕，呈对称状，它们相距 3 米左右，每个压痕都有几厘米深。他相信这是飞船降落在林间地面上留下的着陆点。

专家认为：当时目击者所看到的压痕呈现这种三角形分布，很有可能是某一种飞行器在降落过程中压出的，因为目前人类还没有创造出一种飞行器是这样一种对称的三角形形状。

然而，出乎所有人的意料，仅仅两天之后，那个不明飞行物又回来了。

1980年12月27日的晚上，40岁的基地副指挥官查尔斯·哈特中校，正在参加军官俱乐部举行的节日聚会。突然，一名年轻的空军士兵冲进哈特的房间，结结巴巴地说："先生，它回来了。"

哈特感到非常困惑，问："什么？什么回来了？"

那名士兵说："UFO，先生，UFO回来了！"

哈特中校

哈特闻言，立即带领一小组士兵冲进森林展开调查。当他们赶到的时候，士兵们已经在森林里拉起了一道警戒线。而此时，UFO却已经不见了。

突然，他们带来的动力强大的照明系统神秘地断电了。哈特带领小组开始收集一切能够工作的设备：一台照相机、一台夜视仪和一台测量放射性的盖革计数器。调查小组开始向漆黑的森林深处挺进。

哈特中校用随身录音机录下了当时的对话。

【哈特录音】

哈特中校：从我们怀疑的事发地点出发后大概行进45米了。强光照明无法正常工作，给我们带来一些困难。好像有点机械故障。

除了强光照明出现了机械故障，与两天前巴勒斯和潘尼斯顿一样，哈特中校率领的小组也遇上了无线电干扰。他们穿过巴勒斯和潘尼斯顿声称遇到神秘飞船的地区，哈特中校注意到附近一些树的树皮上出现深深的裂缝，好像是被一个庞然大物撞的，他命令一名士兵拍下照片。盖革计数器显示当地辐射水平很高，不过只限于飞船降落过的区域。

就在这时，一个声音突然惊动了漆黑的森林。

【哈特录音】

哈特中校：1 点 48 分，我们听到农户牲口圈里传出奇怪的声音。声音非常活跃，有很多可怕的噪音。

其中一名士兵指了指远处的一片白光，哈特中校用录音机记录下了当时的情况。

【哈特录音】

哈特中校：你看见灯光了吗？慢点，在哪？在哪？

内维尔军士：就在那边，一直向前，在树林中。

英格伦上尉：它又发光了……看，长官，就在我前面又闪了一下。

哈特中校：嗨，我看见了。那是什么？

内维尔军士：不知道，长官。

哈特中校看见了那个发出耀眼红光的物体。

【哈特录音】

哈特中校：我们距离事发地点已经有 45～60 米左右，周围一片死寂。毫无疑问，前方不断闪烁的红光有点奇怪。

内维尔军士：哦，它变成黄色了。

哈特中校：我也看见有黄色的光，真奇怪，它好像只会这样动。

内维尔军士：是啊，长官。

哈特中校：它比刚才更亮了……它好像过来了，真的好像过来了。

哈特和小组成员一路追踪那个物体，当他们一接近，那个物体就后退，一直逃到了农田里。然后，它就在那里待了二三十秒钟。突然，那个物体发生了爆炸，碎成很多白色的小碎片。哈特中校他们走进农田，在地上仔细搜寻爆炸的痕迹，希望找到掉下来的东西。然而，他们一无所获。

【哈特录音】

哈特中校：嗨，它从南边飞过来了，朝着我们飞过来了。

那个物体在哈特中校他们的头顶上方停下来，发射出一道光束。

【哈特录音】

哈特中校：我们看见一道光束从空中直射向地面。这太离奇了。

那道光束一直就这样照着，照在他们的脚上，似乎在发出某种警告信号，

所有的人都吓坏了。随后，那个物体又加速飞走了，大家傻傻地看着，仿佛被施了催眠术。那个不明飞行物飞过基地上空，又开始向地面发射光束。有些人说，看见了光束直接照在基地的武器库一带。

【哈特录音】

哈特中校：那个物体依然在伍德布里奇基地上空盘旋，与地平线的夹角大约是5°～10°。路线无法确定，与刚才相似的光束依然照射着地面。就在这个时候，哈特中校录音机里的磁带转到头了，而不明飞行物依然在远处盘旋。

哈特中校和他的小组，都不知道接下来该怎么办。每个人都感到精疲力竭，于是大家只好垂头丧气地走回基地。

此时，政府秘密机构正在开展一场大规模的调查。

与哈特的会谈结束两个星期后，潘尼斯顿再次被叫去接受询问。这一次的调查人员级别更高——是空军特别调查局。他们可以任意去基地每个地方，包括将军办公室。

那件事情过后不久，陪同巴勒斯去过事发地点的阿德里安·布斯廷萨军士，被领到了基地的一间地下室接受询问。直到现在，布斯廷萨依然拒绝公开谈论那天晚上发生的事情。

其他目击者也说，他们被迫放弃讲述那个关于UFO的故事。他们被警告不许说出一切，必须把那天的经历当成最高机密。

被询问后不久，巴勒斯就回到了值勤岗位。巡逻的时候，他看见森林那边人来人往。有车辆离开伍德布里奇基地，进入了森林。直升机在森林上空不断盘旋。

随着调查的不断深入，哈特中校和其他目击者，都被命令将他们的证词写在文稿上，然后提交给上级。哈特中校按照指示，写成了一份名叫"不明光束"的文件：

士兵们报告称，在森林里见到了神秘发光物体。那个物体的外形像是全金属的，呈三角形。

哈特的上级带走了那份文件。而神秘光束再也没有出现在基地附近。最终，关于外星飞船的传言终于销声匿迹了。

2002 年，英国政府最终公开了一组新的报告。新的文件提供了蓝道申森林事件的其他信息，证实了英国政府于 1981 年，对神秘现象进行过调查。

虽然美国媒体曾经报道过这一被称为英国境内最著名的 UFO 目击事件，但是整个详细的目击档案

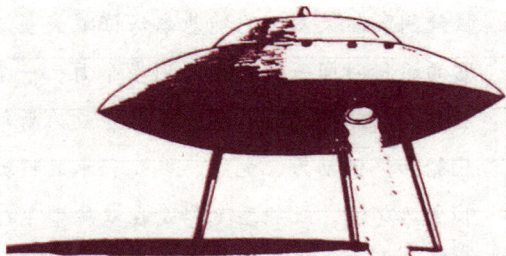

根据哈特中校描述所绘制的外星飞船

一直存放在英国国防部，外界知者寥寥。到此次解密以前，只有大约 20 人看见过。

据悉，哈特上校于 1990 年退役后，对那次 UFO 事件一直守口如瓶。UFO 研究者相信，光临英国蓝道申森林上空的 UFO 一定是外星飞碟。但针对英国境内发生的 UFO 目击报告，英国国防部一口否认了"外星飞碟说"，宣称没有任何证据显示那些所谓的 UFO 和外星飞碟有瓜葛。

1997 年 5 月 21 日，当时正在研究蓝道申森林 UFO 事件的伦敦作家乔治娜·布鲁尼在一个慈善晚宴上和英国前首相撒切尔夫人相遇，布鲁尼想知道这位英国前首相是否清楚飞过蓝道申森林上空那架神秘 UFO 的真相，但撒切尔夫人竟然对她说："UFO？我们不能将它的真相告诉公众！"曾经在 1991 年到 1994 年担任英国国防部前"UFO 计划"负责人的尼克·波普说："布鲁尼向我披露了撒切尔夫人的评论，她一定知道某种说出来也许会引起公众恐慌的内幕。"

知识点

飞船

飞船即宇宙飞船，是一种运送航天员、货物到达太空并安全返回的一次

性使用的航天器。它能基本保证航天员在太空短期生活并进行一定的工作。它的运行时间一般是几天到半个月，一般乘2～3名航天员。飞船可分为单舱型、双舱型、三舱型。单舱型最为简单，只有宇航员的座舱。双舱型是由座舱和提供动力、电源、氧气和水的服务舱组成的，它改善了宇航员的工作和生活环境。三舱型飞船是在双舱型飞船基础上或增加1个轨道舱，用于增加活动空间、进行科学实验等，或增加1个登月舱。

"蓝皮书计划"

"蓝皮书计划"是美国空军为调查不明飞行物而设立的研究计划。设立于1952年，于1969年12月被命令终止，但持续活动到1970年1月。这个计划是由美国空军负责，内容是收集有关UFO和外星人的情报和假情报。

这个计划于1969年终止后，原来的任务由"水瓶座计划"接手。这个计划所获得的有效资讯被收集整理成"蓝皮书报告"。

延伸阅读

UFO 无法解释的电磁现象

在许多情况下，在靠近疑为外星飞船的不明飞行物的地方，汽车发动机停转，灯光熄灭，广播、电视节目中断或被严重干扰，甚至出现整个城市的高压输电线路乃至发电站都受到影响的情况。有时，靠近不明飞行物的金属物品还会被严重磁化。而人们对所有这些电磁现象，目前都还无法做出解释。

1957年11月2日23时左右，美国得克萨斯州莱维兰德市的卡车司机索塞多和他的助手萨拉兹驾着一辆卡车沿着116号公路行驶。当车行到离莱维兰德市约7千米时，他们惊恐地发现，天上有一个火焰状的不明物体正在向他们飞来。当那个不明物体飞近时，他们的汽车发动机突然熄火，车灯也灭了。于是他们下车，想仔细地观察那个物体，可是由于它速度极快，又放出巨大热量，因此两人不得不扑倒在地。

据两人事后回忆，那个不明飞行物呈淡黄色，看上去很像一枚长约 70 米的鱼雷，以每小时约 2200 千米的速度飞行。当它飞过之后，卡车发动机重新启动，车灯也复明了。于是，两人从地上爬起来，并决定立即将此事报告给警察局。

24 时，维沙拉尔地区一位颇有名望的公民打来电话报告说：当他驱车行驶到莱维兰德市以东约 7 千米（这正是索塞多发现的飞船消失的方向）时，遇见一个椭圆形的闪光物体，它长约 70 米，停在公路上，周围被照得一片通明。当目击者的汽车开近时，发动机停转，车灯熄灭。过了几分钟，不明飞行物突然起飞，亮光消失，目击者汽车的发动机又毫不费力地启动了。

24 时 10 分，另一名目击者遇见那个不明物体降落在莱维兰德市以北约 20 千米的地方，并用电话向警察局报告了与前两个报告相同的内容。

24 时 15 分，弗勒又接到一名目击者的电话报告：一个不明飞行物降落在市北约 17 千米处。他的汽车遭遇了与上述报告完全相同的情况。

1970 年 8 月 13 日 22 时 50 分，在丹麦哈德斯莱夫市附近，正在城市外围巡逻的警官埃瓦德·马鲁普突然发现，自己的汽车发动机停转，车灯熄灭。紧接着，车子被来自上方的一道强光罩住了，与此同时，他感到车内酷热难熬。

马鲁普探头观看，只见一个直径 15 米的圆盘形物体停在空中，一束锥形的白光从它的里面射出来。马鲁普想同总部联系，但无线电对讲机已经不能工作。

后来，光束渐渐地缩回到了物体里面，使警官惊讶不已的是，它的形体始终保持固定，仿佛是用空气剪裁成的。然后，这个不明飞行物迅捷而又一声不响地升高，消失到星空中去了。此间，马鲁普成功地拍摄了 6 张相当清晰的不明物体的照片（这些照片经过丹麦和法国专家鉴别真伪后，被发表在报上）。该物体消失 20 秒钟后，马鲁普警官的汽车发动机、车灯和无线电通信装置又重新恢复了正常。

在此次事件中，最惊人的、至今仍然无法解释的现象是：这个不明飞行物竟然能分段逐渐收回光束。这种现象在法国（1967 年 5 月 6 日）、加拿大（1968 年 8 月 2 日和 1970 年 1 月 1 日）、芬兰（1970 年 1 月 7 日）和中国（1983 年 2 月 21 日上海）都曾有发现。

从天而降的金属残片

1990 年 6 月 23 日凌晨 3 时许，由于天气炎热，河南开封市还有不少市民在屋外乘凉。突然，一道奇异的光线刺破了宁静的天空，人们看到，一个十多米长，看上去由许多发光球组成的长条形不明飞行物飞了过来。人们还没有从这种奇异的现象中回过神来，接着又听到了几声巨响。一切来得是如此的突然，以至于人们一下子被惊呆了。

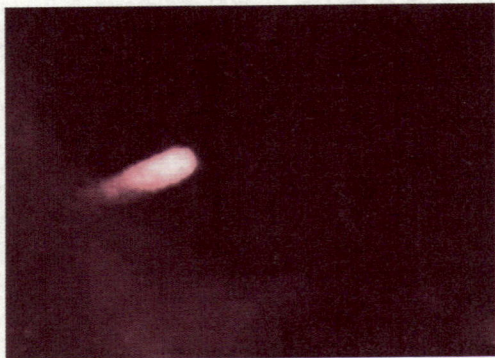

徐晓进目击了那晚的场景，当年他是开封市公安局午朝门派出所副所长。"当时我在值班，因为天气比较热，大家都睡在二楼楼顶。凌晨，忽然对讲机发出刺耳的声音，我抬头一看，从天空西南方向向东北方向飞来一条橘红色的火龙，然后有掉落物体的声音，哗啦哗啦，我一翻身便跃了起来，立即召集同志们去找，想看看是什么东西掉了下来。"

一不明飞行物从开封上空飞过

郭彬是原午朝门派出所的巡防队员，6 月 23 晚，他和徐晓进一起见证了那块从天而降的不明物体。"前头是亮的，带着尾巴，最后往东北方向飞过去了，很宽很长。过去了以后，大约一两分钟，感觉天上在往下掉东西，像是飞机螺旋桨的声音，呜呜叫，可响了。"

徐晓进和郭彬都意识到，一定有事发生。于是，他们急匆匆地沿着声音发出的方位找去，一路上问了好几户人家，都说没有东西掉下来，后来，他们终于在午朝门前的砖桥街市民邢志祥家的院中找到了坠落物。

徐晓进说："从天空坠落的是一块金属残片，正好落在邢志祥家的院中。金属残片把他家一棵椿树的几根树枝砸断后，又砸到了他的自行车上，将左车把砸弯了，车大梁也被砸扁了。"

此事经媒体报道后，一时间引起了广泛的关注，UFO 爱好者震惊了。

中国 UFO 研究会秘书长王焕良说，近几十年来，全球发生了许多 UFO 事件，但开封上空出现的不明飞行物事件是中国近代 UFO 史上唯一一次既具有目击者人证又具有大块金属残片物证的 UFO 事件。

当时正在河南大学化学系读书的张卫民，从报纸上知道此事后非常兴奋，他决定，一定要把事情弄个水落石出。张卫民来到开封，按照媒体提供的地址和姓名，骑着自行车走街串巷，逐个走访。最后，他整理出了一份 200 多页的目击报告。后来，张卫民赶到开封市公安局，拿到那块金属残片。这块金属残片长 527 厘米，宽 80～116 厘米，边厚 5 厘米，中间有一道脊梁，厚 30 厘米，重约 3.5 千克。颜色为灰白色，没

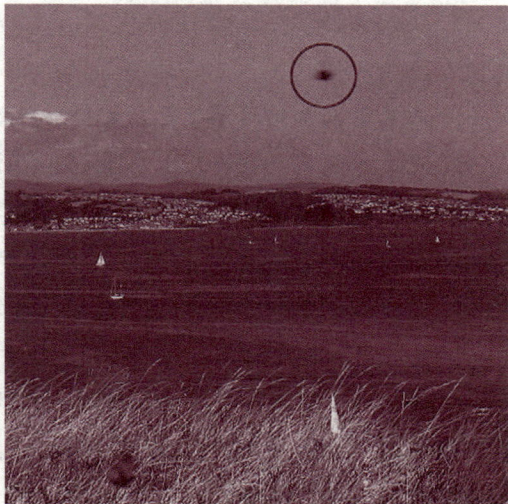
开封上空不明飞行物

有金属光泽，看起来像石棉瓦，具有高强度和良好的韧性，虽然把自行车砸坏了，但它本身却没有变形。

为了弄清这块金属的"身份"，张卫民专程到开封机场请教了有关专家。修理飞机的机械师王福玉认为，该残片可能是航天器上的梁类材料，但由于当时并没有听到有关飞机坠毁的消息，因此他断定，这块金属残片绝对不是飞机上的东西。

张卫民又来到这块金属残片的坠落地——邢志祥家中。

据邢志祥的弟弟邢志君证实，金属残片一落地，他拿在手里感觉是凉的。几分钟后拿到金属残片的民警也证实，当时确实是凉的。这与常识中航天器高速坠入大气层时，由于摩擦产生的热量会使航天器表面产生 6000 摄氏度左右的高温形成了极大的反差。更奇怪的是，邢志祥家被金属残片砸伤的椿树当时还枝繁叶茂，但到了当年年底却枯萎了，从此再也没有发芽。

知识点

航天器

　　航天器又称空间飞行器、太空飞行器，是运行在大气层以外的执行探索、开发、利用太空和天体等特定任务的各类飞行器的统称。为了完成航天任务，航天器必须与航天运载器、航天器发射场和回收设施、航天测控和数据采集网与用户台站（网）等互相配合，协调工作，共同组成航天系统。在航天系统中，航天器是执行航天任务的主体，是航天系统的主要组成部分。

　　航天器有多种分类方法，按应用领域分是最普遍的分类法，按应用领域分航天器可分为军用航天器、民用航天器和军民两用航天器；

延伸阅读

UFO 的构成

　　根据众多的 UFO 的目击实例和 UFO 专家的科学合理的推测，UFO 大概由六部分构成：

1. 驾驶舱；

2. 上部碟，为乘员的休息处或标本存放处；

3. 下部碟，为乘员的实验处或子碟的停储处；

4. 动力系统；

5. 中心通道，供乘员或子碟自由出入；

6. 着陆架。

至于 UFO 的构成材料，应该是不属于地球的一种未知金属，特点是质地十分软，韧性好，而且能够耐高温。

UFO 的上海之行

1991 年 3 月 19 日，上海《新民晚报》发表了一篇题为《不明飞行物昨天光临本市一架民航客机，随其飞行 9 分钟》的报道，下面是该文的节选：

不明飞行物昨天光临本市

昨天傍晚，一个不明飞行物光临本市。一架民航客机被尾随其后 9 分钟。……

上海虹桥机场

虹桥机场指挥塔值班员金鑫来电称：18 时 13 分，机场西北上空约 3000 米处发现一椭圆形橙黄色光环……当时，由虹桥机场起飞的上海飞往济南的 3556 航班正在该光环附近飞行，指挥塔立即与之取得联系。据飞行员观察，光环中有一飞行速度极快的物体在移动，尾部喷射出炽烈的红光……它（红光）突然转为黑色，并分离出圆形和长方形两个小飞行物。两个小飞行物……方向变幻不定。

在临近苏州上空时，它们突然调头朝飞机高速飞来……正当紧急之际，两个小飞行物合二为一开始急速爬高，转身飞逝。此时，这架"肖特 360"小型客机已"警戒飞行"9分钟。

据了解，驾驶 3556 航班的朱姓飞行员是个有经验的中年飞行员。当时空中晴朗无云，能见度极好，他清晰地看到该物体比飞机大。

UFO 出现在上海上空

2008 年 6 月 28 日，在上海举行的"上海重大 UFO 事件讨论会"上，南京紫金山天文台王思潮研究员、上海市 UFO 探索研究中心吴嘉禄主任和民间 UFO 爱好者章云华，对 1991 年 3 月 18 日那次闻名全国的"UFO 事件"进行了辩论，而关于"3·18UFO 事件"的录音也首次被完整披露。

这份尘封了 17 年的录音，是国内目前已知的唯一一份飞行员目击 UFO 的录音档案。那么，UFO 是怎么"跟踪"民航客机的呢？飞行员又究竟看到了什么？

以下是部分现场录音记录，其中的区调指地面指挥调度，3603 是飞行员朱兆元的代号。

区调：3603，你刚才有什么情况？

3603：刚才正常起飞之后，大约 7 海里左右，我的航向在 28 度，发现前方有一个不明飞行物，长度 3~5 米，好像一团喷火的东西，通红通红的。后来逐渐往东北飞，那么我就往左摇了一下，摇了一下它离我越来越远，飞得比较快，后来又折头。我到二十几海里的时候，它又从北折头往东南边，往南飞，高度逐渐降低。我往西躲一下，往左躲一下，后来它又反过来往北飞，飞着飞着由红变成一溜黑的了，变成黑体了。黑体以后，下降高度，最后又上升分离，下边一个长方形的，上边一个圆球状的，两个黑的再往东北飞，平飞了一段以后呢，又折向西北，再爬高，然后在我的视线当中消失，后来又出现，现在消失了。

区调：明白了。你最后看到它是在什么时间？

3603：最后在 26 分，26 分在无锡前 10 海里。

区调：好，当时它在你的什么位置？

3603：它在我的正前方……

区调：3603，你估计它的速度有多少？

3603：速度，因为，最大……我在空中不大好判断，我反正看那样子比较快，可能有六七百千米那个样子，就有点在平时我跟那个大飞机遇上那个速度差不多……

其间，两人还不断交流被跟踪物体的方位和形态。最后，"3603"报告地面：不明飞行物消失在无锡方向。

"3·18UFO"一经披露，在国内外尤其是 UFO 界迅速引起了巨大的轰动。

根据这段披露的对话录音，人们发现，"3·18UFO"不仅可以避开雷达的探测，还可以静悬在离机场不远的半空中长达 7 分钟之久，而且，在地面的人们也没有听到声音。它的运动速度和方向可以随离 3556 航班距离的远近而快速变化，最后还能"爬高"，升上高空。这些"超能力"都不是人类飞行器可以具备的。

3·18UFO

"我认为很可能是外星飞行器。"作为一名天文专家，紫金山天文台的王思潮研究员说。他告诉记者，现在有学者认为太阳系以外的智慧生命离地球太遥远，根本没法来。"这种想法其实是以人类现有的科技水平去想象外星智慧生命，实际上他们的科技水平很有可能远高于人类。而且他们用不着自己驾驶飞船，可以派高智能机器人驾驶外星飞行器来地球。"

而作为一名 UFO 爱好者，章云华的观点则与王思潮截然不同。他认为，地面上看到的"3·18UFO"，其实就是刚刚升空的3556航班小型客机，它的光滑机身因阳光反射被目击者看到，不同方位的人就会看出不同的形态。

据介绍，当时这架3556航班小型客机的正前方还有两架飞机，它们三点连成一线，前面两架叠合在一起飞行并反射太阳光，使3556航班的驾驶员误以为是一个物体。过了一会儿，三者的空中位置因航向的多次改变而发生了变化，飞机以及前面的两架飞机均不再处于反射光区域，地面的目击者看到的飞机黯然失色，驾驶员也发现前面的飞行物颜色发生了变化，并且向两边分离了。当时的空域飞行记录证实了"3·18UFO"分离变化的方向和角度。

但是，为什么当时地面雷达监测不到这个UFO呢？

章云华告诉记者，雷达的工作原理，是设备的发射机通过天线把电磁波能量射向空间某一方向，处在此方向上的物体反射碰到的电磁波；雷达天线接收此反射波，送至接收设备进行处理，提取有关该物体的某些信息。"3·18UFO"中，机场雷达自始至终没有发现UFO，原因不外乎两个：一是飞行员看到的不是实体，而是虚影，不能反射电磁波；二是雷达显示的本来就是正常飞行在航线上的飞机，所以地面人员不觉得有什么奇特。

作为上海市UFO探索研究中心的主任，吴嘉禄认为"3·18UFO"事件是由人类尚未掌握的自然现象所造成的。"我认为不大可能是飞机自身的反光，"吴嘉禄说，"民航交通运输管理的空中交通管制条例有明确的飞行间隔的规定，飞行密度大的京沪等地区执行更是严格。而且作为一名塔台工作人员，他没有道理会连飞机都分辨不出来。"

以上三人各执一词。但是，谁也没有充足的证据来证明自己的观点。

"3·18UFO"的飞行方向、速度、高度、轨迹变幻莫测，以及雷达测不到、无明显尾迹等实实在在的奇异特性，很难用目前的科学理论解释清楚。而它所呈现出来的奇异特性和明显特殊的物体形状，则毫无疑问符合人类现有知识所不能理解的特殊飞行器——不明飞行物（UFO）。

➤ 知识点

雷　达

　　雷达是利用电磁波探测目标的电子设备。雷达通过发射电磁波对目标进行照射并接收其回波，由此获得目标至电磁波发射点的距离、方位、高度等信息。各种雷达的具体用途和结构不尽相同，但基本形式是一致的，包括：发射机、发射天线、接收机、接收天线、处理部分以及显示器，此外，还包括电源设备、数据录取设备、抗干扰设备等辅助设备。

　　雷达有多种，按辐射源种类可分为有源雷达和无源雷达；按平台可分为地面雷达、舰载雷达、机载雷达、星载雷达等；按波形可分为脉冲雷达和连续波雷达；按波段可分米波雷达、分米波雷达、厘米波雷达和毫米波雷达等；按用途可分为监视雷达、搜索雷达、火控雷达、制导雷达、气象雷达、导航雷达等；按扫描方式可分为机械扫描雷达和电子扫描雷达。

电　磁　波

　　电磁波又称电磁辐射，是变化的电磁场在空间的传播形式。电磁的变动如同微风轻拂水面产生水波一般，因此称其为电磁波。电磁波的传播方向垂直于电场与磁场构成的平面，它能有效地传递能量和动量。按照频率分类，从低频率到高频率，电磁波包括有线电波、无线电波、微波、红外线、可见光、紫外光、X 射线和伽马射线等。

延伸阅读

山东半岛上空出现的不明发光体

　　2000 年 1 月 7 日上午 6 时，山东莱山机场烟台民航站气象台传出一条重大新闻：该站工程师在5日晚的气象卫星云图中惊讶地发现，山东半岛上空出现巨大的不明发光体！

据《烟台晚报》报道，这是莱山机场气象卫星系统开通以来首次发现这种奇怪现象。据介绍：1月5日23时32分，莱山机场气象台工程师在接收日本地球同步静止气象卫星GMS-5拍摄的气象卫星云图时（GMS-5气象卫星在距离地面2万米的高空与地球同步运行，专门拍摄北半球的气象云图），发现了这一巨大的不明发光体。发光体所覆盖的地域是山东半岛及东南海域上空，跨距为3～5个经纬度，中心位置位于东经122度、北纬36度，呈椭圆形，呈西北、东南走向。

经放大处理可以看出：发光体外部呈亮白色，并由内向外均匀地呈现出3～5层浅绿色光环，椭圆体的两端分别显示出燃烧喷射状物质散落的形状。

而据红外云图显示，此时的山东半岛上空是大片厚重的云系。由此可以推测，由于不明发光体位于云层之上，地球人用肉眼根本看不到。

据了解，GMS-5卫星每隔1小时拍摄一幅云图，然后经过半个小时的系统处理，再向地球各卫星云图接收装置发送信息，所以北京时间23时32分在云图上出现的发光体，实际是23时左右拍摄的卫星照片。目前，根据现有技术条件，只能断定其是一个巨大的不明发光体，而且可能在运动中，不能进一步断定其是人工物体还是其他。

该不明发光体有两点可疑之处，一是红外系统拍摄的同一位置的照片没有任何物体、发光体，而可见光系统拍摄的照片可以清晰地看到，有关专家推测，该发光体外部温度可以随气温变化而变化。二是具体大小难以计算，单从卫星云图看，发光体几乎覆盖整个山东半岛，而另一个可能就是发光体距离卫星镜头较近。

据介绍，此前，该气象站人员也曾经看见过一个奇怪的发光体在山东半岛上空，不过当时没有记录下来。

离奇的 "空中怪车" 事件

1994 年 11 月 30 日凌晨 3 时许，贵阳市北郊白云区，都溪林场。

正沉浸在睡梦中的职工、居民，突然被从空而至的如同火车一样的隆隆声惊醒，当时正在值夜班巡逻的保卫人员，看到低空中有两个移动着的火球发出红色和绿色的强光。

"空中怪车" 事件现场（一）

几分钟后，都溪林场马家塘林区方圆 400 多亩的松树林被成片成片地拦腰截断，在一条长约 3 千米、宽 150 ~ 300 米的带状四片区域里只留下了 1.5 ~ 4 米高的树桩，折断的树干与树冠，大多都向西倾倒。有的断树之间，有多棵安然无恙，也有个别几棵被连根拔起。周围的一些小树有被擦伤的痕迹。奇怪的是，林场地上覆盖的一层厚厚的松针落叶平静如常，没有任何被风吹、气流扰动的痕迹。这些被折断的树木直径大多为 20 ~ 30 厘米，高度都在 20 米左右。断树附近苗圃的 10 余个塑料薄膜大棚完好无损，但棚内竹竿、花蕾却不翼而飞。和都溪林场相距 5 千米的都拉营铁道部贵州车辆厂也同时遭到严重破坏，车辆厂区棚顶的玻璃钢瓦被吸走，厂区砖砌围墙被推倒，两根直径 10 厘米的钢管被折弯成 90°，还有两根直径 10 厘米的钢管被水平切断，角钢桁梁扭曲。

重达 50 吨的火车车厢位移了 20 多米远，其地势并不是下坡，而是略微有些上坡趋势。

"空中怪车"事件现场（二）

除了在车辆厂夜间执行巡逻任务的厂区保卫人员被风卷起数米空中移动 20 多米落下并无任何损伤外，没有任何的人畜伤亡，高压输电线、电话电缆线等均完好无损。

贵州省有气象资料以来显示最大的风力是 27 米/秒，相当于八九级风。而这次通过计算知道，其中心风速为 200 米/秒，即可达 70 级以上的风力。这样大的风力受冲击范围直径一般有数千米，而这里却只有十几米。

"空中怪车"事件现场（三）

在车辆厂的航吊车间，重达 5 吨的航吊车，事发后也在空中的轨道上平移了 56 米之多！而且平移是发生在袭击事件的同时，在近万平方米的几乎封闭的航吊车间中。

在林场，有人发现有磁异常。在一个斜坡处发现有一个大圆圈，疑似飞碟着陆的痕迹。

事后，人们将这起离奇的事件称为"空中怪车"。

1995 年 1 月 18 日，国家科委组织中国科学院生态研究中心、中国建筑材料研究院等单位的 12 位专家到都溪林场实地考察。考察结论是：从树干折断的方向性、破坏程度的选择性和所需能量来看，不是龙卷风和雷电声光所致，只有核能和磁能才能解释，或者是超自然现象。

1995 年 1 月 21 日，中国 UFO 研究会贵州分会秘书长及副秘书长等人来到都溪林场考察现场情况，许多林场职工都报告了当晚的目击情况。

贵阳车辆厂李某：凌晨 3 时 25 分，我听见火车开来的巨响，并有大风和强红光，我吓得用被子蒙住头。早上起床后，我看到 6 栋和 7 栋之间的草地上一棵直径 10 厘米的小树被折断，抛到 1 米多远的另一棵树上缠绕着。7 栋旁的草地像被水洗过一样往一边倒，草地上圆圈内的草像被烧焦了一样。

顺红饭店吕某：3 时 15～18 分，我听见大风吹石打在玻璃上。我起来从窗户看到天空有一个金黄色的光球从 901 方向飞来，长约 1 米，椭圆形，光球中间是绿色，其间夹杂着十分美丽的七彩光，有光环，逆时针滚动飞行。光环后面有雾气，光球飞行高度约有 20 米，速度很快，时间只有 2 秒就飞过去了。地上的沙子被风卷起，狂风把我吹到桌子上，我昏了过去。等我醒来时发现，房子屋顶被吹跑了，碎玻璃撒了我一身，但我没有受伤。我们的三个小姑娘吓得抱成一团直发抖。后来我还发现家里的电子钟坏了。

6 栋 1 单元电工刘某：我听见风很大，起来看见一团强光从窗前闪过，后来又听见后面窗玻璃被风吹碎。电也停了。第二天我去检修变压器，但变压器是好的，17 时才通电。

车辆厂子弟学校值班员李某：当晚我值班，2 时 55 分查完岗，到 3 时天

空开始打雷、闪电，下了冰雹，并有很大一块的乌云，云边有金黄色的光，从西向东移动。接着我看见篮球大小的火球从7栋和8栋之间飞向东面，高度略比房子高一点，颜色为红色带绿蓝，有微尾光，光很刺眼。风过10分钟后停电，8栋后面倒了一棵直径50厘米的大树。第二天发现民工房顶的石棉瓦全被吹走了，3区窗玻璃全被震坏了。奇怪的是，操场上出现了卷曲的树叶围成的一个约1.5米的大圆圈，树叶的宽度和厚度约为5厘米。学校教学楼的白色水刷石墙面突然变成天蓝色，树叶的背面都偏向东北。

林业厅花圃基地杨某：3时30分，下小雨和冰雹，刮风，我听见咔咔的声音，房子在晃。我看见橘黄的光把窗户完全笼罩，时间约20秒。第二天我发现绝大部分花蕾被吹走，花枝和花叶大部分都在，塑料膜内竹竿飞走。

冷水村砖厂陈某：我坐在床上听见像火车那样的巨响，看见电焊光那样的强光闪了几下。奇怪的是，门是往里开的，外面有风却拉不开门。有人住的房子石棉瓦没有被揭，没有人住的全被揭了，甚至在同一间房子里，有人住的一半瓦面未被揭，没人住的另一半被揭走了。还有就是这个"风"不伤人。再就是石棉瓦好像是飘着掉在地上的，不像风吹摔在地上那样。

都溪林场事件引起科学界的高度重视，中国科学院等单位的专家学者专程赴现场考察。他们详细观察了林木折断的方位及断茬情况，并利用了现代化的先进仪器如卫星定位仪测定了被毁的具体位置及面积。对贵州车辆厂被破坏的重点地方及物件进行了时频、γ射线的测试，对都溪林场实地进行了监测分析。

"先排除人为的假设，想象一下，几分钟的时间内人为是不能将大面积的松木截断和对厂房进行严重的破坏，同时将火车车厢移位的。"孙式立教授说。

当时有一部分人认为是龙卷风造成的。但龙卷风是冷暖空气交汇、温差急剧变化而形成的气柱，中间呈负压，吸力特强。如果是龙卷风，由于吸力强，将会有70%的树木（常规来讲）被连根拔起，但并未有这种现象出现，所以龙卷风的推测也是没有根据的。

"用UFO的现象来研究都溪林场事件有一定的科学意义，因为UFO现象并不是只作为孤立的现象而单独存在的。"孙式立教授说。

知识点

核　能

核能也称原子能，是由于原子核内部结构发生变化而释放出的能量。核能释放有三种方式：1. 核裂变，又称核分裂，是指由重的原子分裂成较轻的原子的一种核反应形式。2. 核聚变，是指由质量小的原子，在一定条件下发生原子核互相聚合作用，生成新的质量更重的原子核的一种核反应形式。3. 核衰变，是原子核自发射出某种粒子而变为另一种核的过程。核能量巨大，目前人类主要应用核能发电。

γ 射线

γ 射线又称 γ 粒子流，中文音译为伽马射线，属于一种电磁波，是原子核能级跃迁蜕变时释放出的射线。γ 射线有很强的穿透力，工业中可用来探伤或流水线的自动控制。γ 射线对细胞有杀伤力，医疗上用来治疗肿瘤。

延伸阅读

"空中怪车"后续争论

针对"空中怪车"事件是否为 UFO 的杰作，科学界一直没有停止争论。贵州科学院高级工程师马瑞安就一直没有停止对"空中怪车"事件的研究，他认为"空中怪车"事件就是 UFO 所为，根据实验理论和现场的破坏情况，他甚至算出了肇事飞碟的直径在 200 米左右，并且推断这个巨大的飞碟当晚误入这个区域后，由于受到冰雹和雨的影响，把冰雹和雨泥抽进发动机，影响了发动机的升力，致使它从空中掉下。由于所产生的气垫力相当大，它又弹跳起来，进入第二个区域、第三个区域，这样跳了几次，然后再往远处飞去。马瑞安还认为，这个飞碟可以旋转，也可以不旋转，根据那天的情况，它很有可能采取的是不旋转飞行的姿态。根据空气动力学的原理，在飞碟的两端就会形成像飞机翅膀那样形成的那个涡流，从而就可以对树木造成破坏。因此，飞碟在降落的过程中，完成了对于林场和车辆厂的破坏。

然而，按照马瑞安的射流推进理论，却对林场断树下的落叶层完好无损这一疑问也无法解释。

长期从事天体化学和地外物质撞击事件研究的学者欧阳自远却与此持相反的态度，他说："从感情上来说，我个人非常希望有外星人，毕竟我们所了解的宇宙中，地球上的人类是孤独的。从理论上讲，外星人是可能存在的，但实际上，目前没有任何证据表明有外星人存在和外星人造访过地球。"继而，他指出，白云区都溪林场的被称为"空中怪车"的事件，其实是一个正常的普通的气象灾害，没有什么可奇怪的。

出现在丹东上空的 UFO

辽宁丹东有一位市民在三经街附近看到了一个 UFO，下面是他的讲述：

2001 年 9 月 1 日 17 时 30 分左右，我在三经街附近行走，看见路人皆翘首驻足望向西北方，只见那片天区有一个发着亮光的物体，亮度大概与人们晚上看到的行星差不多。可那时天并未黑，尚是白天，那发光体却有如此亮度，估计它起码在 −2 等以上。随即，我拿出自己的 25 倍双筒手持望远镜，进行了约一个小时的观测。透过目镜，我惊喜地发现，自己居然可以分辨出它的表面积！并且我看到了许多惊人的细节，肉眼中那个耀眼的亮点在望远镜中变成了一个透明的圆环，环的左下角和右上角各有两个发光亮点，而尤以左下角那个点表面积为最大，发出的光芒也最为耀眼。打个比喻，整个圆环就好像一个斜放的戒指，而左下角的亮点酷似戒指上的钻石。而经过一段时间的观察，我发现这个圆环的中间部分虽然是蓝色的天空，却隐约可见些许白色光芒。这也就是说，中间部分也是不明物体，但是透明的！这又给我另一种印象，这是一只遨游在天空中的透明的"水母"。

以上是这个 UFO 的基本形状，接下来虽发生了一些变化，但也以此为主。事实上，这个形状在 18 时 20 分左右发生了一些变化，它变成了两个相交的半径不同的"圆"，两圆公共部分依然发出耀眼的光芒，亦如原先的"钻石"，而右上角的亮点也没有什么变化，这时若用肉眼去看，就仿佛是一对双星，这种状态没有维持多长时间，随后又变成了原先的"戒指"。在这个过程中，UFO 曾一度大幅下降自身高度（当然，这种下降肉眼是看不出来的，我是通过望远镜观察到的）。在 18 时 37 分，UFO 形状发生第二次改变，看似变成了两个内切的圆，小圆轮廓依稀可见，原先的"钻石"成了大圆圆心，唯独不变的，是右上角那个亮点，无论位置、形状、亮度，都与一开始时保持一致。随后，小圆轮廓开始模糊起来，仿佛都分散到大圆的左下部，这时给人的整体印象是一个同心圆，圆心是那个"钻石"，还剩右上角的亮点。在 18 时 51 分，随着夜幕的降临，UFO 自身的光芒已逐渐黯淡，用望远镜看去，中间充当圆心的"钻石"已融入整个圆环，而右上角的亮点也不知什么时候消失不见了。整个 UFO 成了一个名副其实的圆环，毫无亮度可言（据此，我判断此 UFO 应是靠反射太阳光才被人们发现的，自身并不发光）。其时，此 UFO 亮度应已降到 3 等或 4 等，如用肉眼观察，竟与满天繁星无异。由于光线实在太黯淡，我已无法看出圆环空心部分究竟是不是透明体。此时在 UFO 的正下方处恰好出现一颗恒星，也在望远镜视野之内，我便以此作为参照物。大概有 10 分钟左右，圆环移到了恒星左下方，移动时很缓慢，肉眼看不出来，但速度恒定，方向明显（向西南），极有规律。观测过程中，UFO 曾有几次出现剧烈摆动。在 19 时左右，圆环已变得很模糊，肉眼几乎无法发现（亮度 5 等左右），在望远镜中也与其他恒星无异，甚至光芒更弱于其他恒星，已成模糊一团。

整个观测过程持续了一个多小时，粗略估计，UFO 移动了近 1/3 天区。那么它究竟是不是飞碟呢？凭我多年的经验，首先排除的是飞机，因无论从形状还是移动速度上，都与飞机大相径庭，且此 UFO 在整个移动过程中没有发出一丁点声响。有趣的是，在观测过程中，也听到了飞机的轰鸣声，大概是一架民航飞机，不一会儿便消失，权且做个比较罢。其次，所谓的流星、彗星也与其相去甚远，起码不会在白天出现，且那么亮，持续时间那么长，所以可排除以上假设。再有就是人造卫星了，可我见过的人造卫星都是十几秒或数十秒就划过整个天区，哪有在天上慢行几个小时的。此外，如果真是人造卫星的话，那么用望远镜是断然分辨不出那么小的表面积的，此说法也可排除。最不容易排除的假设就是探空气球了。因为这是我唯一没有见过的东西，无法比较。且那UFO圆环状的外形十分近似"球"形，倒有可能真是探空气球，可它在一个多小时内移动很缓慢，方向性很强，不像随风飘动的样子。另据最新消息，辽宁省海城市也有人报告说发现了UFO，可见其移动了很长一段距离，所以我不相信是气球，主观上我还是倾向于是飞碟。

知识点

行　星

　　2006年8月24日国际天文学联合大会通过了"行星"的新定义，这一定义包括以下三点：

　　1. 必须是围绕恒星运转的天体。

　　2. 质量必须足够大，来克服固体应力以达到流体静力平衡的形状（近于球体）。

　　3. 公转轨道范围内没有比它更大的天体。

　　太阳系有八大行星，按离太阳的距离从小到大依次为：水星、金星、地球、火星、木星、土星、天王星、海王星。

延伸阅读

出现在长春的UFO

　　家住长春市一栋居民楼的姜先生一次不经意地向窗外望去，突然，他发现他家的西南方上空有一个发光体，呈橘黄色。此时是 1991 年 12 月 11 日 16 时 7 分，当时太阳已落山，天边的云彩呈粉红色，姜先生立刻打开了自家的数码摄像机进行拍摄。最初的 2 分钟，该飞行物是由上向斜下方缓慢移动的，中间闪着亮光，尾部是非常美丽的橘黄色。接下来，该飞行物又水平飞行，有一瞬间，几乎是停留在空中一动不动。大约 16 时 10 分，在这一飞行物的左下方又出现了一个飞行物，两飞行物交叉飞行，速度极为缓慢。大约 16 时 18 分，两个飞行物在姜先生的镜头中完全消失。

记者向当地驻军了解到当日并没有举行过飞行演习。而同样观看到这一奇特现象的市民王先生也说，该飞行物的飞行情形与电视上所播的上海发现的不明飞行物很相像。

不明飞行物体 20 日下午三度光临长春市上空，引起市民驻足观看。据悉，这是 12 月 11 日以来不明飞行物第二次出现在长春市上空。

据目击者介绍，12 月 20 日 15 时 45 分左右，长春市突然出现一橘黄色飞行物，从西南往东北方向飞行，几秒钟后便不见踪影。大约十几分钟后，该不明飞行物又从相反方向飞回，与上次不同的是，这次不明飞行物看起来特别清晰，头部呈圆形，尾部又亮又长，飞行约一分钟才从人们的视野中消失。隔了有 10 来分钟，该"飞行物"三度折回，和第二次的情形完全一样，出现不久就消失了。

来自平行世界的飞行物

在《飞碟探索》杂志 2001 年第 6 期上，刊有王永宽的一篇文章《亲历不明飞行物》，记录了一起 UFO 的亲历事件。

下面是亲历者的讲述：

每次休假我都去父母那里。他们住在奥德萨往北 26 千米处的一个叫波里耶沃的小镇。在那里不仅可以很好地休息，还能有规律地观察到这个地区的不明飞行物现象。

什么使外星人会对哈德仁别耶夫湖附近的这个地区产生兴趣，对于当地人

来说至今还是个谜。他们经常开玩笑说："外星人想在我们的海滨浴场建立它们自己的宇航基地。"玩笑归玩笑，1989～1990年，波里耶沃似乎真的成了观赏不明飞行物的场地了。包括常见的雪茄状、球状、碟状的各种各样的不明飞行物，即使是在白天也常常大模大样地出现在小镇上空。有一次，我的母亲和邻居家的小女孩，还见到两个雪茄形飞行物，正追逐一架准备在奥德萨机场降落的客机。在持续了几分钟的追逐事件中，不明飞行物就像是在为飞机上的乘客表演或者说是炫耀自己的先进技术。

以前我一直怀疑飞碟的存在。只是在几次亲眼见到这种物体之后，怀疑才最终消除了。它们与报纸和杂志上介绍的完全不一样，有一次我目睹了一个带有半圆突起的圆形物体，有点儿像"鸭舌帽"。在"帽舌"的位置上有三个闪光的小灯，而中部是发光的座舱。在目击过程中，"鸭舌帽"由南向北的飞行轨迹很平稳，就像常说的那样，完全不受地球引力的影响。在它飞行的高度上，飞机只能向相反的方向飞，也就是飞往奥德萨机场，而向北飞行的飞机，高度将是这个高度的10倍。

在最近一次去南方之前的几年里，我没有再见过什么特别的不明飞行物。为了能更好地观察那些奇怪的物体，我买了放大率在20～50倍的双筒望远镜。遗憾的是我总是不能顺利地通过望远镜捕捉到它们。并不是因为飞碟没有出现，正相反，所有现象都如往常一样发生，只是它们的速度太快了。起初，我原本以为在远处的是一些星星，谁知它们却以飞行器的形式且绝对是毫无声息地在夜空中飞驰而过。极快的速度甚至使我来不及清楚地分辨出它们究竟是平行四边形还是菱形。

一个晴朗的夜晚，当时针指向1时40分的时候，从奥德萨方向缓慢出现了一个奇怪的星座。如果不是因为它的移动与星空的背景有区别，根本无法引起我的注意。在15秒至20秒的时间里，我目不转睛地盯着它。它像是一张巨大的渔网飘移过来。只不过菱形的网眼有些夸张地大，在线的交叉点有一些发光的亮点。"渔网"本身则不停地晃动着，如同展开的旗帜。我突然感到一阵不安！在很多目击不明飞行物的记录中，正是一种网状的飞行体有时会袭击目击者，并且常常在人的皮肤上留下网格形的灼伤痕迹。幸好从我站的位置到父母的房子只有几米远，一瞬间我已经跑进房中，"呼"地一声把门关上了。就这样很安静地过了几分钟，什么事情也没有发生。当我最终从恐惧中恢复过来后，想起了挂在胸前的手电筒和望远镜。我靠近走廊的窗户向外望去，在气流中摇晃的那张"网"看起来没有什么变化，仍然向北移动。大大的网眼仿佛向窗户压了下来，即使不用望远镜也可以看得很清楚。原来在交叉点处的小亮点，因为距离近了，这时已经显得大了许多，能够看出它们是一些类似灯的发光体。

当我认为这个不知来自何处的神秘物体并没有敌意时，好奇渐渐替代了恐惧，我决定走出去。也就在这个时候，这张巨大的"渔网"开始消失，不知是溶解在空气中了，还是去了什么地方。为了解释这些发生在波里耶沃的现象，我在剩余的几天里拜访了机械化工程师，52 岁的瓦西里。

不明飞行物从网格往外发光

"我第一次遇到飞碟是在 10 年前，"他讲述到，"当时我们正在聚会，忽然一束白光从空中射向我们。因为是夜里，所以这束光让人感到特别耀眼。我们本能地向上望去，那里有一个很大的带有圆形发光舷窗的圆盘。光线来自它底部中央的某个地方。这时有人喊到：'伙计们，我们跑吧，否则会遭到轰炸的。'话音一落，所有人都向四周跑开了。事后发现，谁也没有跑远，差不多都跑出 100 米后就脸向下扑到了地上。但是，每个人都安然无恙。我记得，大约过了 15 分钟，当我再次向天空中望去时，那里只有一些星星在闪烁。"

"去年的一个傍晚，我第一次看见了一个着陆的红色大火球，那时它正升往空中，然后就以极快的速度飞出了视线。我把车开到那里，在草地上发现了已经被烧焦的直径 20 米左右的圆形。我没有多停留，回到家后，我立刻把发生的事情告诉了妻子。当她听到我曾在烧焦的草地上走过时，喊叫了起来：'你简直是个傻瓜，难道你什么也不知道吗？这样的地方是会有辐射的！如果你死了，我是不会管你的。'"

"在第一周，由于害怕，我的手有些颤抖，但还是能写字的。就在3个月前，我还见到了飞碟降落过的地点。至今我都尽量不让自己路过那个地方，甚至不向那个方向看。不久前，我的妻子还一直在读有关不明飞行物着陆点辐射情况的文章。现在，我感觉一切都还算好。"

瓦西里点燃一支烟，深深地吸了几口，接着说："我忽然明白了，这些所谓的外星生物实际上就是一些令人厌恶的家伙。在俄罗斯西部，一些人想把钱付给乌克兰人，以便得到允许在他们的土地上处理掉自己的放射性废料，而现在这些不为人们所承认的外来者，却利用他们先进技术中致命的物质污染了我们的土地，还用绿色的光线照射人，使人受到沾染。"

"不用担心，您不是每天晚上都在接受治疗吗？"

"是的，他们在尝试。有一个装置就安放在我的房间里，也许是它起了作用。"

返回莫斯科后，我在一些专门从事这方面研究工作的学者那里做了调查，希望能得到些什么，结果令我很吃惊，有些事情简直是不可思议。无论怎样，我还是把它写出来了。呈六面体形状的飞行器与其他常见的不明飞行物基本上是一个类型的，是直接受到操纵的飞船。而"渔网"完全是另一种物质的体现，相当于一种能量存储器。这类总是对地质断层产生兴趣的不明物体很久以前就被注意到了。新的观点是在土耳其发生地震后出现的，那场地震使许多人丧生，土耳其正是处在这样的断层上。地壳的运动会向近地空间释放出极大的能量，而人类很久以来都竭力寻找控制这种能量的方法。一些科学家认为，操纵不明飞行物体的生物与所有处在高级生命形式的生物一样，已经掌握了通过这种免费的能量补充自己的方法。

由于这种不明飞行物突然出现和突然消失的现象，看来我们不得不接受一个事实：来自平行世界的飞行器上存在着一种专用设备，利用这种特别的装置，这些外来者可以在他们喜欢的位置上把空间打开一个洞，也就是高度发展的地外文明利用空间中普遍存在的"隧道效应"来实现两个世界或者两个空间的穿越，就像高速直达公路。而那些以菱形为基础的多角飞行器则是来自我们行星的第三个平行世界，我们称之为"伊新狄"。飞船的乘员是17个生物体机器人。它们的制造者和我们很相似，只是有另一种完美的细胞结构和肌体动力，皮肤中含有更多的红色，平均身高 180 厘米，平均寿命是 375 年。但在我们的世界里，他们的身体会受到损坏——融化掉，好像冰处在暖和的天气里一样。"网"状飞行物属于另一个平行的文明。它的排序是 23，被研究者称为"弗尔索耐特"。弗尔索耐特人也和我们差不多，区别是他们浑身布满了鳞片，平均身高 190 厘米，寿命在 500～2500 年之间，这主要取决于社会的发展程度。弗尔索耐特人依靠能量生存，网状飞行器就是他们获得能量的一种装置。因为有的时候会威胁和损害其他文明的利益，所以他们的文明也是黑色的文明。

知识点

星　座

星座是指按空中恒星的自然分布划成的若干区域。用线条连接同一星座内的亮星，可形成各种图案，根据其形状，分别以近似的动物、器物命名。人类肉眼可见的恒星有近六千颗，每颗均可归入唯一一个星座。每一个星座可以由其中亮星的构成的形状辨认出来。不同的文明和历史时期对星座的划分不同。现代星座大多由古希腊传统星座演化而来。国际天文学联合会把全天精确划分为 88 个星座。

"隧道效应"

隧道效应又称势垒贯穿，是指由微观粒子波动性所确定的量子效应。经典物理学认为，物体越过势垒，有一阈值能量。粒子能量小于此能量则不能越过，大于此能量则可以越过。量子力学则认为，即使粒子能量小于阈值能量，很多粒子冲向势垒时，有一部分粒子反弹，但还会有一些粒子能过去，好像有一个隧道，故名隧道效应。隧道效应是理解许多自然现象的基础。

延伸阅读

一起亲历不明飞行物事件

　　2008 年 1 月 8 日傍晚 6 时 15 分，美国得克萨斯州斯蒂芬维尔市赛尔登地区居民斯蒂芬·艾伦、迈克·奥登和兰斯·琼斯等人外出散步时，震惊地看到在 1000 多米的高空中，出现了一个无法解释的庞大不明飞行物。

　　这个不明飞行物浑身发着明亮而闪烁的白光，光芒大约有 1600 米长、805 米宽，并正以每小时 4828 千米的惊人速度快速移动着。这一罕见的奇景将艾伦等人看得目瞪口呆。

　　由于光芒移动的速度实在太快，所以他们根本无法看清它到底是什么东西。艾伦说："我们全都惊呆了，不明白那是什么东西。我当时心想：老天，它到底是什么玩意？世界末日要来临了吗？"

　　艾伦称，他们看到的光芒绝非普通飞机发出的光，它们也不是闪光灯的光芒，因为这些光芒还能不断改变形状，从水平线的光变成了两组垂直线的光。艾伦说："两秒钟后，它就彻底消失了。"

　　就在艾伦和朋友目瞪口呆、不明白看到的到底是什么东西时，大约 10 分钟后，那个不明飞行物又再次出现在了天空中，同时艾伦等人还看到了两架美军战斗机在空中对不明飞行物进行追踪。另一名目击者迈克·奥登说："这真是一个离奇的经验，我无法解释看到的一切。它绝对不是某种自然的东西，因为它的移动速度实在太快了。"目击者兰斯·琼斯说："它非常灵巧，我以前从来没有看到过这种东西，不过我没有受惊吓，因为我猜它可能是军方研制的东西。"

　　除了艾伦和他的几名朋友外，斯蒂芬维尔市至少还有数十人也都亲眼目睹了这个神秘的不明飞行物，其中包括县警官和公司老板。另一名目击者、当地机械师里基·索勒斯称，当他告诉朋友在自己家后面的牧场上空看到一个硕大而扁平的金属飞行物时，朋友们都拿他开玩笑，认为是他的脑袋产生了幻觉。

索勒斯说："直到我从报纸上看到其他人的目击报告时，我才松了一口气，因为这意味着我并没有发疯。"索勒斯称，他已经好几次见到这个不明飞行物了，他曾通过自己莱福枪上的远视镜头观察它，结果发现它不仅异常庞大，并且金属躯体上没有任何接缝、螺钉和螺帽。

外星人与人类的"亲密"接触

人类将不明飞行物的神秘主人认定为外星人，在众多的 UFO 事件中，有一些人亲历了与外星人的接触，他们通常把与外星人的接触称为绑架。通过这些离奇神秘的"绑架"案，通过与外星人"亲密"接触者的叙述，我们了解到了更多的有关外星人的"内幕"。

遭遇离奇的外星人试验

1947 年 1 月 5 日凌晨 3 时，南美洲阿根廷拜亚布兰加市一名男子从餐厅走出来，他名叫卡罗斯·阿尔贝特·狄亚斯，今年 28 岁，他在这家餐厅当侍者，从晚上 8 时工作到翌晨 3 时，当天有个慈善团体举办宴会，刚刚才把工作忙完。他有一妻一子，虽然年纪还轻，但收入不错，家庭也很美满。

狄亚斯提着装侍者服装的手提包，腋下夹着刚买的报纸，像往常一样搭乘巴士回家，大约凌晨 3 时 30 分在住家附近的站点下车。附近漆黑，他快步往家走。

当他走到距家大约 50 米处，突然有一道闪光照亮周围。狄亚斯最先以为是闪电，但光线却一直没有消失，而且久久没有雷声响起。狄亚斯感觉诧异便停下来，环顾一下周围，狄亚斯发现有一道圆筒状的光宛如笼罩他一般由上方垂直照射下来。

狄亚斯惊不可遏，想拔腿逃回家，但全身宛如中了定身符一般，僵硬无法动弹。这时他听见一阵蜜蜂般的嗡嗡声，而他的身体便开始向上浮起来。

狄亚斯吓得想尖叫，但不知为什么却叫不出声音。他只记得被吸离地面50厘米，以后他便不省人事了……

狄亚斯醒过来时，发现自己一丝不挂仰面躺在床上，那种床上有点像医院的手术台。

那是一间奇怪的房间，呈半球形的，好像倒过来的碗，墙壁是半透明的，好像是塑胶的，室内直径2.5米，高约3米，但没有家具，也没有照明器具，但室内却一片通明，墙壁好像散发淡淡的光线……地板有一些孔，也许空气就是从那儿流进来的……

"这是什么地方？"狄亚斯整理模糊的记忆，追忆了好一会才想起他刚才快到家时所发生的可怕遭遇。

他感到激烈的恐惧与不安，吓得全身直发抖，然而更可怕的事情还在后头。

三个有点像人的奇怪生物不声不响地进入室内。狄亚斯第一眼看见他们时差点昏过去。

虽然形状像人，但不仅没有头发，而且连眼睛、鼻子、嘴巴都没有，头与脸是绿色的，身高大约180厘米，但脸孔只有人类的一半，身穿乳白色像是橡胶制的罩衫，身材高瘦，手臂也有两条，但没有手指，先端圆圆的，像木棒一样。皮肤部分是光滑的，连一根毛也没有。

狄亚斯以为是幻觉或者做恶梦，便睁大眼凝视，但三个怪异生物的确就在那儿，不仅如此，其中一个还走近他身边，伸出那野兽般的手臂。

狄亚斯恐惧得大叫起来，但怪异生物只是一根一根拔下他的头发，狄亚斯想反抗，但不知为何却全身僵硬，手脚完全不听使唤。

怪异生物那木棒般的手臂前端似乎长有吸盘之类的东西，只要按在狄亚斯头上就可轻易地拔下他的头发，而且不可思议的是，狄亚斯一点也不感觉疼痛。

"我也许会被杀掉。"狄亚斯再度感觉意识模糊，最后完全昏迷了。

狄亚斯再度恢复意识时，人躺在草地上。夜色已经过去，阳光灿烂耀眼。不远处传来汽车来来往往的声音。

狄亚斯连忙看一看手表，指针停在 3 时 50 分，突然他感到身体不舒服，想作呕，瘫痪在地。数分钟后，一位开车经过的男子发现倒在地上痛苦挣扎的狄亚斯，便送他到布宜诺斯艾利斯的中央医院。

医生诊察狄亚斯，最先以为他头部受到严重撞击而发生记忆错乱，因为狄亚斯最先昏迷的地点与被人发现的地点相距 800 千米之遥。除非乘坐高性能直升机，否则不可能在这么短的时间内移动 800 千米。

由于狄亚斯的坚持，医院又组织了医生对狄亚斯会诊，结果发现他有多根发毛与胸毛脱落，另外查出狄亚斯胃肠不顺、食欲不振等症状，令医生们不解的是，对狄亚斯脑部的检查表明，狄亚斯的脑部完全正常，没有任何异常。

▸▸ 知识点 ⟩⟩⟩⟩⟩

吸 盘

吸盘指动物的吸附器官，一般呈圆形、中间凹陷的盘状。吸盘有吸附、摄食和运动等功能。例如蚂蟥前端的口部周围和后端各有一个吸盘。

延伸阅读

达贝拉一家的遭遇

同狄亚斯一样，巴西圣保罗一家三口也是被一束从天而降的光束"吸"走的。那是 1974 年 11 月 20 日的晚上，一辆载着三名警官的圣保罗警方巡逻车，接到"有一辆轿车在公路上起火燃烧"的报警电话，警官急速赶到事发现场。警官赶到现场后，走下巡逻车，附近的草丛出现一对夫妇和一名男孩，他们向这三名警官求救。

就在这个时候，有个直径大约 10 米的碟形黑色物体，突然出现在他们的头顶上。三名警官和那对夫妇以及那个男孩都被吓愣了。飞碟底部放出一道苍白的光筒，笼罩在那对夫妇和那个男孩身上，三个人的身体便顺着那道光柱升入飞碟，之后，飞碟很快消失不见了。

经过事后调查，被飞碟绑架走的一家三口是居住在圣保罗的达贝拉夫妇和他们的儿子。

与 UFO 乘员招手致意

"那里真的有 4 个人！我向他们挥手，他们也向我招手！"

新几内亚岛巴普地区波亚那全圣者传道本部部长威廉·布斯吉尔神父写道。这里所说的"人"是在空中飞行的 UFO 甲板上出现的。

这件事发生在 1957 年 6 月 27 日，地点是新几内亚岛东端附近，面向古特伊那福湾的一个小村庄波亚那。时间大约是傍晚 6 点左右，太阳落到山的那边，但整个天空仍是明亮如昼。

一个巴普本地的护士亚妮洛莉波娃，在传道本部前的空中，看见一架大型 UFO。波娃马上叫神父吉尔过来看。和神父住得很近的老师亚那尼斯也出来看，只见一架大型的 UFO，附近还有两架小型的 UFO。这个圆盘形的大型 UFO 的顶端有人影，而且是 4 个。因为它停在高度 150 米处静止不动，所以在地上可以清楚看见他们的动静。

吉尔神父便试着向他们招手。有一个透过扶手的栏杆往下看的人，也同样向他们招手回应。亚那尼斯老师也试着挥舞双手向他们打招呼，结果，有两个人有同样的回应。吉尔神父和亚那尼斯一起挥手，这次他们 4 个人一起挥手。几分钟后，UFO 土青色的前灯亮了两次，三架 UFO 一起消失了。晚上 10 点 40 分，村子进入了静静的睡眠状态中。吉尔神父因飞碟事件和傍晚做礼拜疲累不堪，也躺在床上睡了。这时，"砰"，很近的爆炸声，神父马上从床上跳起来，他想该不会是 UFO 着陆了吧！于是马上到外面去察看。可是外面似乎一点动静都没有。本部的职员们都出来看这个大声响是怎么回事，可是睡得很熟的巴普人，没有一个人探出头来。

　　事实上，UFO 的出现是从 6 天前就开始的。6 月 21 日，巴普当地牧师史蒂夫吉尔摩伊在传道本部附近的家里，看到一个"像倒扣的咖啡杯碟"的飞行物体接近传道本部。而且，在 6 月 26 日，在同样的地方又出现了数架飞碟，晚上 6 点 52 分开始，一直到 11 点 4 分下雨为止，它们共在空中飞了 4 小时，而且在隔天，27 日也出现过。这次有吉尔神父等 38 人亲眼目睹。以下是从目击者的描述中所得的 UFO 的样子。

　　其中一架飞碟是大型的，大概是其他数架小型飞碟的母船，远远看是白色的，但靠近一点时则可以看到闪着淡橘色的光，其表面似乎是由金属制成的，在底座的上半部，有一个很大的甲板，从机身的主体部位伸出很像着陆架般的东西。甲板上，有 4 个像是人的身影，好像正在工作，不停地进进出出。如果是他们人类的话，大概就是白人了。若穿着衣服，那必定是非常紧身的。

　　"假设他们的身高为 1.8 米的话，那么飞碟的基部的直径约为 11 米，甲板的直径约 6 米左右。"吉尔神父说。

　　整个飞碟和乘员都被灯的光芒所笼罩，从甲板以 45 度角的方向对着天空射照出一道青色的光线。也有人看到 UFO 有 4 个窗户。

　　可是这些描述说词却未给人一种神秘恐怖之感，这真是 UFO 吗？

　　有不少人认为巴普人没知识水准、很迷信，且为了讨好白人而乱吹牛，所以并不相信他们说的话，可是，吉尔神父并非巴普人，而是白人，并且是个传教士，老师亚那尼斯和史蒂夫牧师虽说是巴普人，但却受过教育，是有相当程度的知识分子。所以他们看见的飞碟，而且向他们招手的"人"绝非幻觉，亦不是胡吹乱编，而是千真万确的事实。或者，飞碟是美国或者是苏联的秘密武器之类的东西，那么在挥手的乘员，如吉尔神父他们说的"人"，就是白人！但是，如果是秘密武器的话，没有理由在众人面前盘旋 4 个小时，而且乘员还跑到甲板上挥手，这不是一种示威吗？

　　另一方面，美国空军在调查了这次波亚那事件之后，发表了下列的结论：

　　"吉尔神父等 38 人所看到的飞行物体，不是载人的航天飞机。分析了它的方位和角度后，我们认为那些光体其中的 3 个，分别是木星、土星和火星，而且，这木星、土星、火星看起来好像可以自由飞行移动的原因是，光线的折射和热带特有的气象现象所致。"但是，对于母船和乘员之事，美国空间研究人员却是一个字也不提。

6月26日，在波亚那村，数架UFO于空中狂舞的同时，在对岸基窟的海上，亦有人看见UFO。此人就是贸易商阿涅斯特伊布涅。他在自己船的甲板上，发现了一个往东北方向飞的绿色光体。在离地面150米高的地方停下来，同时光芒也消失了，一个像橄榄球样子的物体浮现出来。可以看到有四五个半圆形的窗户。机身的长度大约是18～24米。绿色光体大约静止了4分钟，然后发出"嗯——噗，嗯——噗"的声音，飞往波亚那西方的山脉中消失了。

可是，这个UFO的目击报告于6～8月在吉特伊那福海湾沿岸各地相继获报，没有人统计一共有多少件，但至少有40件以上。有人看到在光体的后面接着一个青铜色的飞碟，有的人看到以逆时针方向在翻筋斗的飞碟，有的人看到的是带黑点的银色的皿状飞碟，有的人看到的则是雪茄型的UFO。

虽然各有不同的样式和不同的飞法，但他们都有共同点，那就是他们的飞行技术很高超，能够不发出任何声音静止不动，也能以各种速度前进、后退，重力和空气阻力都对它产生不了作用，简直像没有重量的幽魂似的。

这些是同一架飞碟呢？还是大规模飞行部队的其中一部分呢？不管是什么，它们都和地球上现有的飞行物体相去甚远。

知识点

"做礼拜"

"做礼拜"是对穆斯林（伊斯兰教徒）每天进行的一种宗教活动的称呼。按照教规，每一位穆斯林（不分男女），每天都必须按时做五次礼拜。如果没有正当的理由而未做礼拜，则被认为是一项严重的冒犯行为，同时也是一桩可憎的罪过。

延伸阅读

图书馆员遭遇不明飞行物

　　1973年5月22日早晨三点，巴西圣保罗州公众图书馆员巴比罗开着车子回家，那天的天气不好，下着雨，他以每小时90千米的速度驾车行驶。为了减少路上的寂寞，他打开了收音机，当汽车接近一个小山坡的时候，收音机突然没有了声音。他开开关关调试着收音机，就在同时，车子引擎慢了下来，巴比罗突然看见车子里有一束明亮的蓝光，直径大约有20厘米，这个"光"慢慢地移动，掠过他的工具箱、座位、车顶和他的双腿。巴比罗十分疑惑。这时，他突然看见在车外15米远的地方悬着一个离地面10米左右的物体。巴比罗开了车门走出车外，他发现他看到的是一个从来没有见过的奇怪物体。这个物体看起来像个两面隆起的盘子，大约有7米半厚，11米宽，表面呈黑灰色。"盘子"的内部异常明亮，但却看不到光源。巴比罗突然意识到自己可能有危险，就惊惶失措地跑向树林里。这时他觉得有东西在抓他的背，他奋力挥动着手臂，竭力想挣脱抓着他的东西。但背后并没有什么东西。巴比罗转过身来，发现那个奇怪的物体还在，有一道"蓝管子似的光柱"从物体底部边缘射出来，直径大约有20厘米。当这道蓝光碰到他的车子时，怪事发生了，他能看到引擎、座椅和整个车子的内部。由于心情的极度紧张，他昏倒了。

　　一小时后，有两个年轻人驾车经过发现了昏倒的巴比罗。他们把巴比罗送到了一家医院。在医院时，巴比罗感到背后面臀部轻微发痒。第二天，发痒的地方皮肤开始出现不规则、无痛楚的蓝紫色斑点，臀部地方的斑点更大而且更明显。不久，这些斑点变成黄色，很像瘀伤。

　　医学博士和心理专家在对巴比罗进行了各项实验后认为巴比罗遭遇到的这个奇怪的事情是真实的。

被"绑架"到"太空船"中

此一事件发生在 1973 年，在这一年，美国、欧洲西北部、意大利、西班牙等地的 UFO 目击事件异常的多。事情开始于这一年的 10 月 11 日晚上 9 时左右。地点在美国南部密执安州的东南部帕斯卡古拉城。那是坐落于墨西哥湾旁，有 3 万人口的渔港。

在流经帕斯卡古拉城的帕斯卡古拉河寂静的岸边，这一夜有两个人在这里钓鱼。他们都在这个地方的造船厂工作。其中一个是主任，叫做查鲁西古生（45 岁）。另一个是 18 岁的青年帕卡休尼亚。

至于他们钓鱼的成绩如何我们并不知道，而且这也无关紧要。晚上 9 时左右，西古生正准备换新饵时，忽然听到"啾"的一声，好像是金属的声音。他往天空一看，只见一个青灰色的长圆型物体停在附近的河岸上空离地面约 60 厘米的地方。

后来，西古生回忆说：

"那是发出青色亮光的太空船。令人吃惊的是那个东西虽然没有门，但却有 3 个像人一样的东西走出来，我们连救命都叫不出来、身体僵在那里一动也不能动。我从来没有经历过那种恐怖的经验。"

据他的说法，那 3 个像人的生物是青白色的，走路像幽灵一样根本不用脚。他们的皮肤是灰色的，有很多皱纹。手指的部位像螃蟹的螯一样分成两个尖夹。耳朵很小，眼睛是一条小小的裂缝，尖尖的小鼻子下面有个孔。

这时，那个叫帕卡的青年被那些幽灵般的生物摸了一下，这使他几乎要气绝。随后西古生也被另外两个人举起来，连同帕卡一起被送到"太空船"中。

"好像是滑进去的样子，感觉上几乎已经没有重量了。"

"太空船"内部虽然看不到照明设备，但是却很明亮。西古生就像在宇宙中飘浮一般，身体完全不能动，只有眼球仍骨碌碌地转。

然后，在距他 25 厘米左右外，出现了一个像眼珠一样的大东西，在他的周围不停地动着。就好像在做身体检查一样，他被翻来翻去。帕卡也在别的房

间接受检查，只不过他已经有点意识不清了。

大概在"太空船"中待了20分钟左右，等他们回过神时，他们已经又在河岸上了。西古生虽然想站起来，可是膝盖已不听使唤，根本站不起来。

"太空船"在一瞬间就消失不见了。

西古生强调："看起来就像是幽灵，又像是机器人。他们完全没有问问我们的意思，但也不像要害我们，这完全是真的。"

发生这件事后，两人不再钓鱼了，马上就前往最近的一家报社，想把这件令人难以相信的事说出来，但记者们都已经下班了。于是，他们就到警察局去，这时已经是晚上11点左右了。载伊亚蒙警员虽然一脸的不以为然，但仍很有耐性地听了他们两人的"证词"。后来，他听了两人的"证词"的录音，也不得不承认这件事虽然不可思议，但好像是真有其事。因为西古生和帕卡都不知道有录音机在录他们的声音，帕卡因为太过恐惧而不停地哭叫呐喊、祈祷。依他们的声音来判断，这一切不可能是恶作剧。

后来，媒体报道了这件事，引起了极大的反响。美国空军UFO调查机关的科学顾问亚伦海内克博士也加入了对这起事件的调查行列。另外与UFO研究团体APRO有关的杰姆斯哈达博士，也被派遣到帕斯卡古拉城来调查这个事件。

他们利用测谎器与催眠术来测试西古生与帕卡两个"证人"的不寻常经历。

结论是这样的：

"事情尚未真相大白，但无疑的是他们两人确曾经历过十分恐惧的事。"

后来帕卡离开了造船厂，也离开了帕斯卡古拉城。西古生虽然没这么做，但对于这件事却不想再谈。

1995年8月19日，美国加利福尼亚的卡玛星罗医院进行了一次史无前例的外科手术，医生们首次实施了对据说是外星人植入人体内的物体的切除手术。

第一例手术有2个病人，一男一女，他们自述有被外星人劫持的经历。X光检查发现，他们的身体内多了一些物体，手术一共取出3件，女性的脚趾中取出2件，男性的手上取出1件。这3件物体呈T型状，用金属材料制成，被一层黑灰色的光亮薄膜包裹着，但薄膜无论如何都切不开。而且这些物体一旦被触摸，病人就会有强烈的反应，尤其是在局部麻醉后，病人的反应更为激烈。手术后一个星期，病人甚至比手术时更痛苦。

1996 年 5 月 18 日，外科医生又对 2 名女病人和 1 名男病人进行了手术，X 光观察到男病人的左下颌有一个金属体，而 2 名女病人的腿部都有一个小的不透明的放射性物体。手术中医生取出了 1 个由一层暗灰色的薄膜包裹着的很小的三角形金属物体以及 2 个灰白色小球。分析表明，灰白色小球含有多种复合元素，而人体的皮肤并不含有这些元素。

到目前为止，这样的手术已经进行了 6 例。前 3 例取出的 T 型物体，水平部分的一端有一个像鱼钩似的倒钩，另一端是圆的，中间呈锯齿状使垂直部分完全嵌入。最有趣的是垂直部分被一些晶体缠绕着。后 3 例发现病人患部的皮肤曾完全暴露在紫外线的照射下导致皮肤受损，但没有一个病人承认曾受到过大量阳光照射，而且如果做过日光浴，为什么只有 4～5 平方厘米大的皮肤受损呢？还有这些受损皮肤的形状与以前在被外星人劫持者身上发现的铲形标记十分相似。另外，上述 6 例的切除物有一个共同点，在紫外线下会发出荧光。

随后，洛斯·亚拉莫斯国家实验室和新墨西哥工学院先后对这些切除物进行了分析测试，1996 年 9 月，国家科学发现研究所公布了测试结果，发现 T 型切除物含有铁芯，并含有 11 种不同的元素；测试认为切除物和陨石很相像，它们的镍铁比率很相近（大多数陨石都含有 6%～10% 的镍）。

有许多人对研究或猜测这些切除物的作用表示了极大的兴趣。有些人认为，它们是一种追踪装置或者是异频雷达收发器，外星人把它们植入地球人的身体内，可以在地球的任何角落立即找到他们的"臣民"。另一些人认为，这些物体可能是行为控制装置，外星人利用它们对人类的行为进行控制和支配，这似乎可以解释被外星人劫持者为什么会有某些冲动行为。一些科学家更是大胆地设想，这些物体可能是一种监视人体内遗传变化或地球污染程度的装置，这与我们监视太空宇航员的方法很相似，也许外星人对我们人类的遗传基因研究后，再实施改造计划或下一步行动？这一切都不得而知……

知识点

X 光

X 射线又称伦琴射线，是波长介于紫外线和 γ 射线之间的电磁辐射。X 射线波长很短，能产生干涉、衍射现象，具有很高的穿透本领，能透过许多对可见光不透明的物质，用来帮助人们进行医学诊断和治疗以及工业上的非破坏性材料的检查。X 射线有硬 X 射线和软 X 射线之分。波长在 0.01 ~ 0.1nm 之间的 X 射线叫硬 X 射线；波长在 0.1nm 以上的称为软 X 射线。人们所熟知的具有很强穿透力的 X 射线，仅仅是整个 X 射线谱中的一部分。

延伸阅读

芭芭拉奇遇记

美国俄亥俄州的弗兰克林住着一位离婚的女性，名叫芭芭拉·乌莫斯。1981 年 2 月 15 日夜半 2 时，突然她的卧室里多了一道强烈的光芒，她大吃一惊，从床上下来，奔到了窗前，想看一下究竟发生了什么事情。

就在窗外，一个圆盘型的发光体浮在半空中，没有声音。当她看到这些的一瞬间，便一下子不醒人事，不知发生什么事情。

不知过了多久，她仿佛从梦中醒来：眼前的 UFO 不见了，发现自己莫名其妙地还站在窗口前，看了下钟，已经是夜半 3 时 15 分。大约有 1 小时 15 分钟的"时间和记忆"失落了。后来芭芭拉接受了催眠实验。催眠实验是在新西纳琪市心理治疗医学者罗拔特·休纳特和纽约市的一家研究组织，还有 UFO 科学调查局的协助下进行的。

芭芭拉的"绑架体验"被唤醒以后，根据她的回忆是：在 UFO 内部，从透明圆顶的天花板上有一道光柱笔直地照耀在床上。里面的生物身高 2 米左右，身穿紧身的灰色金属制服，从头到肩膀穿戴着一个头盔，开口的地方像猫一样的嘴巴。

他们通过神经感应的方法，告诉她："我们来自火星，请别害怕，我们绝不会伤害你的。"反反复复地跟她沟通。然后从一个箱型的盒子里伸出了两根探针，自动地从芭芭拉的头部开始移动到她的指甲上，可是一点也没碰到皮肤。

芭芭拉在半年后又一次遇上了"绑架"，这一次是在她住所附近的高速公路上行驶时，突然遇上了一道银白色的光芒，后来她的车子被强制地拉到空中，有 2 个小时的记忆"失落"。她被带进了一个实验室模样的地方，坐在一个大椅子上，对她进行"身体检查"的生物模样与前一次都一样，服装也相同。没有戴头盔，脸露在外面，黄色的眼睛，没有耳朵，鼻子长而细，下巴很尖，嘴唇一点血色都没有。

芭芭拉在发生第一次被绑架事件后，她就相信那些外星人将来还要"绑架"她，后来发生的事实证明她的感觉没有错。

遗留在地球上的外星人尸体

外星人操纵着 UFO 在地球上空飞行、考察，有时还降临地球作实地考察。在这些频繁的飞行中，他们的星际交通工具 UFO 即使非常先进，但不可能绝对完美无缺。因此，在某些时候总有 UFO 失事的可能，这就难免有 UFO 残骸和外星人的尸体甚至活外星人出现于地球。很明显，UFO 残骸和外星人尸体对地球人的研究都是极为重要的。因此，不论在地球的任何地方，只要发现 UFO 的残骸或外星人尸体，那里的政府和研究人员都在极为保密的情况下进行回收，而回收以后的研究情况又从来都是秘而不宣的。

地球人最早记载的回收外星人尸体的事件至少可以追溯到 1950 年。1950年 12 月 7 日，美国空军上校威廉·克哈姆和上尉巴金斯，就在与美国临界的

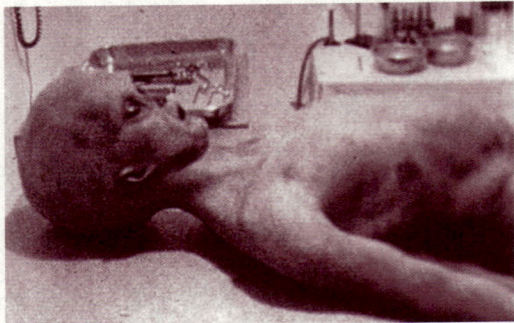

外星人尸体

墨西哥境内亲眼目睹了美国军方回收一个坠毁 UFO 的情况，在这个 UFO 的残骸中就有一具外星人的尸体，这个坠毁的 UFO 和外星人的尸体都被运到了美国。

巴拿马著名的心理学家、精神病医生拉曼狄·艾桂拉，同时也是一著名的 UFO 研究专家。艾桂拉博士在墨西哥国家电视上手持一具外太空星球人遗骸讲述了发现的经过：

1950 年 3 月，一个小男孩在巴拿马首都巴拿马市 112 千米以外的圣卡洛村附近的海滩上发现了它（外星人遗骸），外面包有衣物，随后拿着它去见朋友的叔叔贾西亚莫拉医生。贾西亚莫拉医生是国家首席心脏病专家，发现这是人体，立即送到巴拿马大学医学院检验。

贾西亚莫拉在电视上说："小孩拾到时，以为是玩具。后来认为他可能是一个溺死的人。开始他的身体是柔软的，不久便僵硬了。可惜的是小孩子不懂事，把他的衣物抛弃了。"他又说："我们发现他的脊椎骨和人类一样，颈部的脊椎骨却特别巨大，直径也比较宽阔，显示他有高度发达的神经系统，也可能有高度的智慧，他的头部比例比人类要大。""奇怪的是，胸腔没有肋骨，只有一块平板胸骨。"

"从这副人骨判断，可能是个婴儿的遗骸，其成人的身高当在 0.9 米左右，体型发达像运动员，但两腿非常瘦。外星人的身高可能不止 0.9 米多，是因为来到地球受到大气压力之后，引起了体型的急遽缩小和硬化。"贾西亚莫拉医生解释道。

艾桂拉博士说："但是，他和我们人类不完全一样，只有推断他可能是外太空星球人类的婴儿。他怎么会出现在巴拿马海滩呢？可能是外星人来到地球生下的吧？总之，是一个无法解答的谜，也是人类学上最大的发现之一。"

在世界其他许多地方也发现、回收过外星人的尸体，甚至还捉住过活着的外星人。

1950年，在阿根廷荒无人烟的潘帕斯草原，曾经坠毁过一个UFO。这个UFO的圆盘直径约为10米，高约4米，有舷窗，座舱高约2米，表面光亮严整。

一家房产公司的建筑师博塔博士驱车行驶在潘帕斯草原的公路上，他发现路旁草地上静静地停着一个盘状的金属物体。出自强烈的好奇心，他停车走近物体。他从圆形物体的舷窗往内看，发现舱内有4张座椅。其中3张座椅上各坐着一个小矮人，他们纹丝不动，肌肉却已僵硬，显然已经死了。这些小矮人样子与地球人差不多，有眼睛、鼻子和嘴巴，棕色的头发不长不短，皮肤黝黑，全身套着铝灰色的服装。第4张座椅则空着。

博塔博士发现，舱内有灯，有各种仪表，还有不少电视荧光屏，但看不出有电线和导管。他被眼前的景象惊呆了。他知道这一定是一艘坠毁的外星人的飞船，于是赶紧驾车逃到旅馆，把他的奇遇告诉了他的两个朋友。

第二天，他和他的朋友驾车赶回原地，但地上只剩下一堆烫手的灰烬。他的一个朋友抓起了一把灰，手马上就紫了。后来，博塔博士得了怪病，连续数月高烧不退，皮肤也像干涸的土地一样皱裂了，最终也没有治好。

这3个外星人的尸体被人们发现但却未能回收到。是不是第4张座椅上的外星人在UFO坠毁时幸免于难，最后不得已把UFO和3个外星人的尸体一同销毁了？不得而知。

类似的情况在意大利也曾发生过。

意大利UFO专家阿·别列格收集的材料中有这样一个记载，一位名叫艾·波萨的建筑师有一天驱车外出旅行，在一个荒无人烟的地区，他发现离公路不远的地方倾斜着一个圆盘状物体。出于好奇，他走近这个物体，发现上面有一个打开的舱口。波萨从舱口走进了物体内。他发现在直径6米的圆舱里，有三位黑色物体，黑色物体中有一个外星人尸体，艾·波萨马上通知了美国军方。

据目击的渔民们说，这个外星人身高约1.5米，与地球人一样有眼睛、鼻子和嘴巴，但每只手上都只有三根手指。后来，这具外星人尸体被送到了美军医院。

法国政府曾经在喜马拉雅山峰的冰雪中找到了一个UFO残骸，残骸中还有 6 具外星人的遗体。

回收工作持续了数月之久。在回收过程中，人们发现这些外星人大约只有1 米高，脑袋和眼睛显得特别大，而四肢则显异常瘦弱。他们还收集到许多金属残片，大的有两三平方米，而这些金属在地球上从来没有出现过。

使人感到奇怪的是，除了 6 具外星人的尸体外，他们还发现马、牛、狗等牲畜，甚至还有一头大象，还有鱼和几百个鸟蛋。他们失事的年月不可考查，因为这些残骸被冰雪封冻起来了，难以考察其失事的详情，也许这事发生在几年前，也有可能发生在几千年甚至上万年以前。

另据报道，1987 年 11 月，苏联科学家声称，他们在苏联戈壁大沙漠发现了一个直径 22.87 米的不明飞行物体，这是一个碟状的飞行器具，里边发现了14 具外星人的尸体。经检查，此飞行物至少坠毁了 1000 年。

苏联科学家杜朗诺克博士在南斯拉夫的一次讲学中谈到此事时说：这不仅证明外星人早已存在，而且说明了超级技术已存在十多个世纪，而外星人对地球的兴趣至少有 1000 年了。他透露说，苏联科学家在例行对戈壁大沙漠的调查研究时，发现了这艘半埋在沙漠内的不明飞行物。检查后发现，此物体良好，并完整无缺，包括引擎在内。外星人的尸体，受到沙漠酷热的蒸发，已成为干尸了，但也是完好无损。后来，他们被秘密送往明斯克附近的一个国家研究中心。

1988 年，在巴西深山中发现了一个外星人居住过的地下城，这对研究外星人很有帮助。巴西著名考古学家乔治·狄詹路博士带领 20 名学生到圣保罗市附近山区寻找印第安人古物，却找到了这个外星人曾居住的城市遗址，有迹象显示，这座城市已存在 8000 年之久了。

当时这个考古队的一名学生，无意中跌落到一个 6 米深，又湿又黑的洞穴之中。狄詹路和其他同学立即去救他，这才发现洞穴内别有天地，不但宽大而且深不可测。他们在手电筒的照明下，找到一个巨大的密室，里面放满了陶瓷器皿，珠宝首饰。更令人吃惊的是，他们还发现了一些 0.5 米左右的小人状骷髅。

狄詹路博士说："我最初还以为找到了一个古老印第安部落遗迹，直到我细看骷髅后才知道不是。"

它们头颅很大，双眼距离较一般人近得多，每只手只有两个手脂，每只脚上也只有 3 个脚趾。

狄詹路博士等人再深入洞内，还发现了一批仪器和通讯工具。根据对洞内物件年份的鉴定，显示它们超过 6000 年以上。毫无疑问，这是一个曾在南美洲生活的极先进的外星民族。发现的那些骸骨与人类不同，其智慧也远远超出人类。从发现的通讯器材来看，他们必是来自另一个星系，为了某些原因才在地球上定居下来。这次发现外星人地下城古迹是前所未有的，如能揭开其来龙去脉，将能很好地帮助人类了解宇宙。

▶▶ 知识点 ▶▶▶▶▶

外太空

外太空简称太空，又称为宇宙空间，指的是地球稠密大气层之外的空间区域，并没有明确的界线，一般定义为大约距离地球表面 1000 千米之外的空间。

延伸阅读

美国和苏联手中的外星人尸体

1. 美国 UFO 研究会主席巴利先生透露美国回收的外星人尸体：

1962 年，在美国新墨西哥州空军基地附近坠毁一架外星 UFO，它直径 17 米，是一个典型的碟型飞船，它装有着陆装置，但没有放下来。

巴利先生说，这个坠毁的残骸里有两个外星类人生命体，它们身高 1 米，后来被运到一所著名的大学医学中心进行解剖研究。

外星人的脑袋很大，鼻子只是两个小小的突起，嘴唇很薄，有一对耳朵很小，没有耳廓。他们的肺同地球人相似，从肺部结构看，他们是在一个氮气多于氧气的星球上生活着，然而地球的环境，对于他们来说，也是适宜的。

2. 美国军中一位电子专家托姆利先生去一个秘密场所看有关 UFO 的特别电影：

1953 年 4 月，托姆利曾去新泽西州的蒙默思堡去看一部有关 UFO 的特别电影，当时他看到 UFO 内部没有仪表、没有雷达屏幕、没有舷窗和按钮之类的物件。他唯一看到的，就是一块仪表板上面有某种类型的棍子一样的横杆，内部呈淡蓝色。UFO 的右下方有一个小桌，放着三具外星人尸体，高度 1.5 米，头很大，手指比地球人长，尖鼻子，长耳朵，眼睛闭着，尸体呈浅绿带灰色，皮肤发皱，穿一身金黄色、有黑深色饰物的服装。

3. 美国航天专家安哥先生临终前将秘密告诉他的儿子：

美国航天专家安哥先生在临终前告诉他的儿子说，美国有 2 个圆盘型的飞行器，一个是完好的，一个是毁坏的，都是非地球人所造。在毁坏的那个飞行器里有 4 具外星人的尸体，用干冰包装着，尸体有 1.5 米高，头比地球人大，斜眼，看起来类似地球人类，手指比地球人长。

4. 吉德夫人重病前将机密泄出，美国保存 1000 多个 UFO 零件和 2 具外星人尸体：

1955 年，吉德夫人在美国俄亥俄州德汤地区的莱特巴达森空军基地工作，她负责对坠毁 UFO 的所有零件进行分类，对每个部件都拍了照片和贴上标签，共有 1000 多件。另外她看到用干冰和化学试剂保护着的两具外星人尸体。他们有 1.5 米高，眼睛有些斜，头比正常人大，其他和地球人有点类似。

1959 年她在重病之际，在快要离开人世的时候，将此事泄出。

5. 美国一空军基地军官妻子透露，美国保存有几具外星人尸体：

美国莱特巴达森空军基地一位军官妻子作证说，她丈夫曾在一天夜里，被蒙上眼睛带到一间屋里，那里有几具外星矮人尸体，约 1 米多，脑袋相当大，毛茸茸的脑门，皮肤苍白。

6. 美国情报军官声称美国有 30 多具外星人尸体：

一位美国情报军官声称，他曾见到冷冻在玻璃罩内的 9 具外星类人生命体，高有 1.2 米，皮肤呈灰色，放尸体的地方有重兵防守，另外在美国莱特巴达森空军基地保存有 30 多具这样的尸体。

此外，他还说，在 1966～1968 年，在俄亥俄州、印第安纳州和肯塔基州共发生 5 起 UFO 坠落事件，每次事件中，美国都获得了很多 UFO 零件和外星人尸体。

7. 苏联在戈壁沙漠中发现一架 UFO 和 14 具外星人尸体：

1987 年 11 月，苏联一支科学考察队在戈壁沙漠进行科学考察时，惊奇地发现了一只直径 22 米的 UFO，它不是在空中，而是半埋在沙漠中。更让人吃惊的是，在这个 UFO 中居然有 14 具外星人尸体。苏联科学家用先进的仪器检查后，发现这架 UFO 坠毁在 1000 年前，由于沙漠非常干燥，坠毁的 UFO 乘员的尸体还没有腐烂，科学家积极地对 UFO 和外星人尸体进行了进一步的研究，但研究成果没有向外界透漏。

8. 苏联捕获一名外星人：

据西方多家媒体报导，苏联曾经活捉过一名外星人，据说，这个外星人是在 1992 年的一次 UFO 事件中弹出飞行器之外的，它降落在可拉半岛上，被苏联冰上巡逻队发现。当时外星人身受重伤，立即被送往秘密基地进行治疗，尽管尽人类医学之能，但也未能挽救他的生命，这名外星人活了 12 天后死去，苏联保存了尸体，作为秘密研究之用。

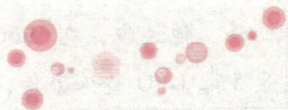

人类对 UFO 的研究成果

　　UFO 之谜究竟是客观存在的自然之谜，还仅仅是由种种自然现象所引起的错觉或纯粹是某些人的主观幻觉呢？若干年来，这一问题深深地吸引住了不少科学家的注意力。坚信飞碟是来自外太空宇宙飞船的科学家，对此作出了自己独特的解释，而持否定态度的科学家认为，很多目击报告不可信，不明飞行物并不存在，只不过是人的幻觉或者目击者对自然现象的一种曲解。尽管科学家们的看法可能在这一方面或那一环节上存在着不够完善之处，但无论如何，这对启迪人类的智慧，揭开众多的宇宙之谜有着莫大的意义。

UFO 是否真实存在

　　在众多的自然之谜中，UFO 是最大的一个谜，它最使人感到神秘莫测，引起了亿万人的强烈兴趣。可是，几十年来，UFO 问题不仅没有明朗化，反而被搞得混乱不堪。虽然越来越多的公众，相信部分 UFO 是外星人的飞碟，但正统的科学界（包括绝大多数科学家）和各国政府（法国等除外），却否认飞碟的存在，认为 UFO 无非是一些探空气球、流星、虚无缥缈的幻影或未知的大气物理现象。确实，限于目击者的知识水平，大部分目击事件是把飞机、气球等当成飞碟，有些确实是一些未知的大气物理现象，如地光等等。1997年的 8 月初，美国的一家报纸曾发表文章称：在 20 世纪 50 年代出现的大量

UFO 现象，其实是美国军方进行的秘密实验。此话一出，引起世界一片哗然。虽然如此，但美国军方并没有站出来证实这一点。除此之外，也确有相当一部分 UFO 是无法解释的，其中不少是科学家和飞行员目击的，难道一个天文学家能把一颗流星当作飞碟？难道飞机上所有人员都同时产生幻影？

UFO 的一个特点是无法在实验室研究，也无任何公式可用的，连确切的证据都没有。这正是它不为正统科学界承认的一个原因。人们习惯于借助电子和光学等等仪器提供数据，用公式演算分析去验证一个发现。但研究 UFO，却无任何仪器可用，也无法重演，故很难使人接受。一架飞机在我们头顶飞过后，我们可以继续知道它在哪里，在它飞行方向的下一个地方，人们也会看到飞机。但曾经是一个固态和有形的 UFO，昨晚干扰了汽车、飞机以后，现在它在哪里？在它消失的方向上，可能再也没有人看到它，监视整个地区的雷达、红外探测器也没有发现它。事实上，它从现实中消失了。可见，对 UFO 的研究，同目前的传统科学有很大的差别。同时，由于一批狂热的 UFO 主义者常常夸大其词，甚至弄虚作假，凭空杜撰与 UFO 接触事件，伪造 UFO 照片，结果使 UFO 研究声誉大跌，使大部分科学家对 UFO 现象产生反感，他们既无兴趣也无时间进行研究。在这种情况下，就很容易得出 UFO 根本不存在的结论。

否定论者往往用科学法则来说明 UFO 的不可能，如"大气中不可能有飞碟那样高的速度，否则就要产生冲击波"、"这么大的加速度会把任何东西压碎"、"飞碟那么小，若是从别的星系飞来的，它的燃料放在什么地方？"等等。他们还往往把爱因斯坦的相对论搬出来，指责"UFO 研究不按科学规律行事"。如果笼统地问，爱因斯坦的相对论绝对正确吗？可能人人都会持否定态度，但在具体问题上就是另一回事了。现在人们正在努力研究统一场理论和白洞问题，也有越来越多的人，倾向于瞬时完成宇宙航行，起码不需要原来认为的那么多时间。UFO 否定论者曾嘲笑说："对于 UFO 研究者来说，只要有解决不了的问题存在，那就需要修改现代科学的理论。"

英国"飞碟"研究协会曾就这个问题，对所收集的"飞碟"资料中有关"飞碟"的特征加以分类、比较和研究，结果认为传说中那种神话般的"飞碟"现象是不存在的。现在看来"飞碟"并不是什么"天外技术"的具体表现形式，可能是发生在地球上的一种自然现象。它的出现与地理条件关系密切，有可能是一种不明大气现象。例如，某些材料中谈到的一种"飞碟"呈卵形，直径 1～3 米，绕主轴旋转，接近地面并发出大面积电磁辐射的就属这类。现在科学家利用一定手段已能证实它的存在。并把它命名为"不明大气现象"（VAP），以便与可能存在的"飞碟"（UFO）相区别。

总之，"飞碟"现象是值得探讨的，它是一门值得研究的科学。

当然，科学界的大势仍是对 UFO 实在性的怀疑。但"观察事实"却导出了"地外宇宙飞船"的假说。美国声望很高的 UFO 学者 J·哈依内克博士，曾是一位有力的否定论者，但他接触了大量的目击报告和目击者后改变了态度。他曾担任过大学天文系主任、天文台台长等一系列科学职务。1976 年，他在伊利诺伊州 UFO 研究中心对采访记者说："对这样的资料假装不知，直到否定目击者的人格，这是科学家的良心所不允许的。轻蔑与无视，决不是科学方法的一部分。"

看来 UFO 存在与否的科学争论，在未来还会长期地进行下去。但是有一点是确定的，轻易地否定，结果并不能改变轻易的肯定，这样做是不科学的。

▶▶ 知识点 ▶▶▶▶▶

地　光

地光也叫地震光，是指地震时人们用肉眼观察到的天空发光的现象。震前的地光现象非常突出。地光出现的时间大多与地震同时，但也有在震前几小时和震后短时间内看到的。其形状有带状光、闪光、柱状光、片状光等。颜色也是多种多样的。低空大气中出现的片状光、弧状光和带状光等多为青白色，地面上冒出的火球、火团则多为红色。

白　洞

白洞又称白道，是广义相对论预言的一种与黑洞（又称黑道）相反的特殊"假想"天体。同黑洞一样，白洞也有一个封闭的边界。与黑洞不同的是，白洞内部的物质可以经过边界发射到外面去，而边界外的物质却不能落到白洞里面来。因此，白洞像一个超级喷泉，不断向外喷射以重粒子为主要形态表现的物质。目前的天文学理论认为，大质量恒星演化到晚期可能经坍缩而形成黑洞，但并不知道有什么过程会导致形成白洞。如果白洞确实存在，则可能是宇宙大爆炸时残留下来的。

延伸阅读

科技人员目睹 UFO

下面是几个科技人员目睹 UFO 的案例：

1981 年 7 月 24 日晚 10 点 30 分，在青海省大柴旦镇考察青藏高原自然景观的中国和联邦德国的联合考察队在观测天气时，德国气象学家特洛尼亚博士和中国科学院兰州冰川冻土研究所的研究员李烈，以及青海高原生物研究所的研究员黄荣福一起看到了一个发光体。这个发光体呈长筒圆柱状，长 15 米以上，筒的两端喷射着强烈的光束，光束可见长度约 200 多米。整个飞行物体被光包围着，从发现到消失持续了 15 分钟左右。

1977 年 7 月 26 日晚，著名诗人流沙河正在翻译，忽听堂妹呼唤他去看户外空中一个不明飞行物体，他急跑出去，远远地看见西北方的天空中有一条发光的螺旋形的烟雾，其形状好像一盘蚊香，中心是一个亮点。烟雾自中心亮点向外作螺旋线引出约 3 圈后缓缓向西北方向飞去。

当时正在成都出差的云南天文台的张周生也看到了这一奇景。

特别应该提到的是新疆地质考察队队员赵子允的目击报告。赵子允曾 20

多次到天山南北考察地质，在野外看见过卫星、原子弹和氢弹爆炸、导弹飞行、二级火箭和三级火箭的脱落自爆和点燃、民航机及战斗机的飞行。但他说，这些现象都和他在 1965 年 8 月的一天夜晚，在新疆奇台县卡拉美丽山以南见到的 UFO 截然不同。

那天晚上 10 点 30 分左右，忽然看见一个脸盆大的发着蓝光的火球由西向东缓慢飞来。当它飞到卡拉美丽山上空时，呈弹道抛物线往下降落，落到地面时弹起 100 多米高，复又落下，腾起一片火海，照亮了大片夜空。他和伙伴立即测定火球落下的方位，并认为是人造卫星溅落地面时引起的大火。第二天拂晓，赵子允和电报员李太谦按测定的方位追寻，直至 20 千米以外也未发现有卫星溅落的痕迹。当地部队接到他们的报告后，在附近大面积范围内仔细寻觅，同样没有发现异常情况。

UFO 并非天外来客

如果 UFO 是天外来客，他们历尽艰辛，一定是抱着考察目的"访亲问友"而来，就如同我们地球人到月球和火星上去考察一样。可是，从报道的情况来看，无论 UFO 的行为或者它们出现的地点，都与考察的目的格格不入：它们要么躲躲闪闪，回避人类，要么向人类袭击甚至绑架；它们往往出没于无人之境，或沙漠，或荒山，或海洋……而对文明繁盛的地区却反倒不感兴趣，这是完全不合情理的。一位外国记者说得好：2000 年前，如果有一位想了解地球情况的天外来客到达地球，他会要求去罗马；100 年前，他会要求去伦敦；今天，他会要求在华盛顿着陆；50 年后，这位客人很可能首先去北京了。换句话说，天外来客为考察地球，无论是过去、现在或者将来，首先应该去最发达的地方。

事情很简单，只要放弃天外来客这个诱人的假说，承认 UFO 是自然现象或者地球人自己制造的器械，UFO 的神秘外壳也就可以剥开了。

数以万计的 UFO 案例当中，绝大多数已经搞清楚了，剩下的都是疑难案例了。有人就凭有疑难案例，断定这些 UFO 不可能是地球自身的现象或者地球人自己的产品。能不能这样说呢？疑难案例，不过是客观世界无数"未知"之一，诚然今天的科学还不能解释它们，但没有理由就把它们作为天外来客的证据。

对于那些疑难案例，可以继续研究。比如，与 UFO 有关的许多大气现象，大多是由空中的无数冰晶形成的。但是，这些现象究竟是怎样产生的，至今仍然是物理学上的难题。

多年前，苏联科学院对某些 UFO 现象进行了研究。他们的考察表明，在一定的条件下，大气中会形成碟状的湍流，体积可达 100 立方米。这些碟状湍流的密度和温度等特性都与周围的大气不同，它们可以维持较长时间，并在气流的作用下移动。它们最常出现的大气性质有明显改变的区域，比如山坡的迎风面就可能是这样的地方。倘若在阳光下或月光下看，它们就可能成为传说中的 UFO 了。

另外，某些 UFO 可能是秘密武器。比如，有一种新型飞艇，它的外形就是一个圆盘，结构紧凑，重量又轻，既能垂直升降，又可在超低空飞行以避免雷达跟踪。而且，飞艇上有大功率电子侦听设备和大型干扰机，十分适合军事侦察之用。还有一种新型飞机，机身细长，机翼像一个扁平的大圆盘，和机身连在一起，可以做各种角度的转动，甚至可以调转机身，反方向飞行，而且，由于它的机翼面积大，也可以在低空飞行，这些情况与传说中的某些 UFO 完全雷同。

类似 UFO 的新式飞艇

从人类报道第一个 UFO 到今天，几十年过去了，从来没有一个人找到一个解读天外来客的答案。然而，不少人还寄希望于 UFO，想在 UFO 身上看见天外来客的影子。我们相信，随着科学知识的不断普及，将会有越来越多的人认识到，UFO 不是天外来客。而当有朝一日，真正的天外来客登临地球的时候，UFO 最终将作为"以假乱真"的例子载入科学史册。

知识点

火　星

火星是太阳系八大行星之一，是距离太阳第四远的行星，属于类地行星，直径约为地球的一半，自转轴倾角、自转周期均与地球相近，公转一周约为地球公转时间的两倍，大气密度约为地球的 1%。火星外表呈红色，表面平均温度为零下 55℃。

延伸阅读

UFO：不想与人类接触

既然 UFO 可能来自宇宙中的地外星系，那么为什么它们不愿意与人类接触呢？据专家们分析，大体有如下原因：

1. 地球人把 UFO 的到访视为入侵，往往以袭击与进攻来对待他们。
2. 根据互不干涉的宇宙准则行事。
3. 他们的使命仅限于监视与考察地球。
4. 与人类的生理结构不同，不能承受我们的动物性低频振幅。
5. 对我们实行一个临时性的隔离检疫期。

6. 人类也没有正式要求接触。

7. 早已摸清地球人的情况，没有必要继续接触。

8. 据了解，人类的宇航员出航前均得到训令：当发现外星生命体时，不准随意接触、可保持警惕、首先要弄明对方意图，进行试探等等。同理，外星飞船上的乘员在出发前可能也得到相似的训令。

9. 最后一种可能性是 UFO 由于种种原因不可能与我们接触：

（1）它们并非实体，不过是外星人放过来的影像（犹如电视图像）。

（2）他们在另一维空间飞行，偶尔闯入我们这维空间。

（3）多个宇宙论：宇宙中套宇宙，多宇宙的交叉，平行世界，他们并非在我们这个宇宙中。

（4）他们是反物质结构，无法与我们亲近，避免双方伤亡。

（5）心理学说：UFO 是形体化的思想或意念形式、人类集体的潜意识的典型创造。

一些坚持"地球中空说"的学者认为，我们所看到的 UFO 来自地球内部或海底，并非来自天外。"地内人"千方百计避免与人类接触，以防地下家园遭到侵害，有时他们佯称自己是外星人，以转移人类的视线。

但是，另外还有一种截然相反的意见，认为 UFO 与人类早已接触。许多有影响的 UFO 专家几乎都同意这种意见，他们指出，这种接触可能早已在外星人认为的相应的水平上建立。自远古时代以来他们一直与我们保持着多种方式的接触，他们一直在帮助我们发展科技、提高文明程度，他们也许有一个提高人类"宇宙觉悟"的时间表，可能他们认为目前公开见面的时机尚未成熟，他们宁愿继续在暗中不露声色地给我们以大量援助。甚至有一种说法认为，外星人已大批混杂在地球人中。

UFO 现象的四种假说

具有这样神秘莫测的形态和飞行能力的飞行体（指 UFO）接连不断地出现，人们对此关心备至，探究工作也一直在各国悄悄地进行了。美国空军制造

厂同美国科罗拉多大学联合成立了 UFO 调查委员会，委员会成立于 1948 年。1976 年苏联国防部成立了 UFO 研究会等国家级研究机构。他们对 UFO 现象提出假设，研究结果大体有以下 4 种：

第一，自然现象学说。把闪电、流星、飞鸟群、人造卫星、气象观测器等错认为飞碟。它的代表性假设是"放电现象假设"。这种放电体形成了 5～10 万伏特强大电压，从暴风云中分离出来游荡在大气层中，并在发生闪电后瞬间消失。这种放电体就是 UFO 整体，晴天也会时常出现。这种假设能够解释有关 UFO 大部分特征。但是，放电现象最长不过十几秒，且同暴风雨密切关联。而多数不明飞行物却同气象无关联。放电大小只有 4～5 厘米宽，UFO 比它大数百甚至数千倍。所以，这种学说没有多大说服力。

第二，同地球上文明体有关联的学说。提出强国秘密兵器说，如二次世界大战的法西斯余党制造碟形飞行体，并进行试飞。这种假设根据不充分，并且在常识上不合逻辑，所以这一学说没有多大说服力。

第三，全身投影学说。即人类无意识的内在心理原形的投影现象说。也就是说，把虚幻错觉为实体。这种理论说明不了 UFO 的全部现象，只能说明瞬间消失、分离与合体选择性出现的现象。但虚幻不能被捕捉在雷达中。它也解释不了分明有飞碟着陆的痕迹，及飞碟被照相和摄像等事实。

第四，外界起源学说。就是说，飞碟是从地球以外的遥远的宇宙行星上飞来的飞行物体。他们是比人类更发达文明的生命体，像我们去月球或火星探索一样，他们也到地球上来。这种学说按现代科学原理不可能完全说明 UFO 现象，但现在绝大多数人相信外界起源说。

认为 UFO 是外星人的飞行器者，据此提出了种种理由，归纳起来有以下几条：

1. 外星人之所以不与地球人进行公开的正面接触，是由于我们地球人的文明程度比他们低得多，他们还不能与我们直接沟通，正如人不能与猴子沟通一样。

2. 外星人已掌握无限延长生命的方法。同时，他们已不像地球人那样依靠食物维持生命，他们已能利用气功辟谷来维持生命，并且已能利用宇宙射线作为飞行器动力（能巧妙地转化宇宙的能量），因此不必携带食品和燃料。

3. 人类的历史在宇宙的演化中只是短短的一瞬，现有的科技水平只是人类认识自然世界过程中的一个阶段，并不是认识自然世界的顶点。客观世界的更为广泛、更为基本的运动规律尚未被人类揭示。因此我们不能用我们现有的科技水平来判断外星人的科技、文化发展概况，外星人的文明程度很可能遥遥领先于我们。

4. 按照宇宙全息统一论的观点，宇宙各处是全息的。既然太阳系这个较为年轻的天体系统中能产生高级生命，那么我们就没有理由怀疑宇宙中的某些星球上，也能形成与地球相似的条件，其生物也必然从低级向高级逐渐发展。最后产生出高级智慧生命体。如果外星人比地球人早诞生几千年、几亿年，其智慧可能远远高出我们。

知识点

辟　谷

辟谷又称"却谷"、"断谷"、"绝谷"、"休粮"、"绝粒"，是道家修炼成仙的一种方法，即不吃五谷，只是食气，吸收自然能量。道家认为人食五谷杂粮，要在肠中积结成粪产生秽气，阻碍成仙的道路，因此为了清除肠中秽气，必须辟谷。现代人食物丰富，讲究辟谷是为了养生、排毒、调理身体。辟谷分食气辟谷和食药辟谷两种。

宇宙射线

所谓宇宙射线，指的是来自于宇宙中的一种具有相当大能量的带电粒子流。1912年，德国科学家韦克多·汉斯带着电离室在乘气球升空测定空气电离度的实验中，发现电离室内的电流随海拔升高而变大，从而认定电流是来自地球以外的一种穿透性极强的射线所产生的，有科学家因此命之为"宇宙射线"。

延伸阅读

联合国对 UFO 的讨论

对于 UFO 频繁访问地球的事件，曾在联合国会议中被提出讨论过。

1971 年 11 月 8 日，联合国总会第一委员会中，乌干达联合国大使曾发表演讲，说道：

"不久的将来，人类将可自由进出外太空，亦即将会与外星人有所接触，事情搞得不好的话也许会造成全面性战争。这并非仅是一个大国单独的问题，而是全体人类共同的问题。现在许多国家的政府均否认有 UFO 出现，但是，美、英、苏联及其他国家中有许多科学家，正担心 UFO 是来自其他星球的太空船。UFO 应该在联合国会议中提出讨论，并列为重要问题……"

1976 年 10 月 7 日，第 31 次联合国总会中，某国的首相亦提出下述言论：

"地球是全体人类所共有的，与其有关的知识理应让全人类知道。但是，某一国家把 UFO 存在之证掩藏在其情报保存中心。某国更把 UFO 当作军事上的机密资料处理。事实上 UFO 是我们地球人与外星人生命相关的大问题。人类有权利知道这项可怕的情报，并早作心理准备。"

此处所提到的某国是指美国。美国政府机构隐藏 UFO 情报的事情，已逐渐被揭露而为世人知晓了。

在 1966 年 2 月，联合国进行了首次"联合国 UFO 研究计划"：

①应对 UFO 在全球的活动，处理各国间的合作、协调问题。

②即刻停止敌对举动，以避免任何星际战争。

③面对 UFO 问题，必须有正式接触机构，且经政府同意许可而设立。

与地光现象相区别

　　有人将地光看做 UFO 或将 UFO 视为地光现象。UFO 和地光两者容易混同并非偶然，它们有一定的相似性。

　　地光是强地震前后常见的一种自然现象。1975 年 2 月 4 日傍晚 6 时许，辽宁南部海城与营口一带，虽然天色还未完全黑下来，但能见度已很低了，马路上已不能骑自行车，汽车也只有打黄灯才勉强行驶。突然，暗淡的天空豁然开朗，人们重新看清了道路，甚至能看清室内的物品。在海城招待所，人们甚至看到了满天的红光，后来又变为白光。这就是一种强烈地震前兆现象——地光。

　　地光闪耀的同时，往往伴随着轰隆隆的地声。如在海城地震前，在辽河职工医院，有人看见像电弧光似的一片白光，持续约一分钟，并伴有腥臭味；北镇赵屯公社，人们看到的是东南方的天空有两道很亮的白光，像拖拉机的灯光在晃动，也持续了一分钟左右，不久就听到了轰隆隆的地声。地光也有许多不同的表现形式。在锦州铁路局，人们看到的却是火灾似的粉红色光亮持续了 4

地光现象

分钟。在海城、营口和盘锦一带的许多地区，还有许多人看到从地裂缝中喷出火球状光亮，就像信号弹一样，不带尾巴，各色都有。

地光形形色色的形态，归结起来可分为闪电状、朦胧弥漫状（片状）、条带状、柱状、探照灯状、散射状和火球状等等。就光的颜色来说，有红、橙、黄、绿、蓝等，但以蓝色、白色和红色居多，黄色次之。一般地说，片状光、带状光，以蓝色光居多，而火球、火团、火焰、火柱多为红色、红黄色和白色。不过，这不是绝对的，有时地光的颜色还随时间变化。

这些形态中与UFO最为近似的是火球现象。在1969年，美国加利福尼亚州圣罗萨镇连续遭到两次强地震的袭击。和其他地区的强地震一样，当地居民看到了多种地光现象，其中有许多是一种球形的闪光。例如，有人报告说："地震发生时，头顶上方，向空中升起几道直直的光条。""镇西方看到像流星一样的光。""看到了3米左右的火球，拖着红的尾巴，3秒钟移动了几米。""看到火球从前右侧跑到左侧，在很短的时间内，由蓝色发绿，散乱地变成红色。"……

1976年，我国松潘地震时也有大量火球出现。仅8月16日晚地震前后，江油的一个农民就看到400多个火球。有人这样描述道："我们先看见几处冒出零星的火球，以后越冒越多，难以计数。球刚冒出时有碗口大，当升高到10多米后，就变至簸箕般大，先是白色，后变为乌黑，还伴有响声。在白色的火光中，还有一股黑色烟雾在翻滚，同时闻到一股火药味。出现火球的范围估计约有3000~4000平方米，持续约15分钟。在火球发生的时候，收音机、罗盘、广播等均未出现任何干扰，也未发现物质的放射性增高。"

我国黄录基、邓汉增在研究火球时认为应区分两种类型：A型火球，通常在地震前不久和震时发生。它们主要出现在震中区，没有明显的分布规律，也看不到来自地下的通道，总是突然出现在空中。球体大小不等，一般直径二三十厘米，红色居多，间有蓝色、白色，移动迅速，有时带有响声，同时可见到其他形态的地光。B型火球，是信号弹式或流星式的球状光体，地震前后都有，出现的范围也较广，但与一定的地质构造及地理条件有关，常直接从地面裂缝、冒水孔、河沟等处升起。上升高度一般为一二十米。球体大小较悬殊，小如鸡蛋，大如脸盆。颜色以红色居多，绿色次之，再次是白色或蓝白色。它们的移动速度较 A 型为快。有时随风飘忽不定，也常伴有响声，并往往带有一股难闻的气味，如硫黄味等。严重时，可灼伤人畜。

可见，火球具有随风摇曳和只能上升、无磁场干扰的特征，说明它与 UFO 有本质上的区别，但是它的发光现象及有硫黄味产生等一些特征，又与人们遭遇的 UFO 有相同之处，因此，常导致人们将二者混为一谈。

知识点

电 弧

电弧是一种气体放电现象，是电流通过某些绝缘介质（例如空气）所产生的瞬间火花。按电流种类可分为：交流电弧、直流电弧和脉冲电弧。按电弧的状态可分为：自由电弧和压缩电弧。按电极材料可分为：熔化极电弧和不熔化极电弧。电弧导电性强、能量集中、温度高、亮度大，可作为强光源、紫外线源或强热源。

延伸阅读

地光现象产生原因探讨

地光现象已引起人们的广泛注意，特别是近代，它更是地震工作者苦心研究的对象。人们试图用不同原理来解释它。

1966 年，苏联塔什干大地震前几小时，塔什干上空突然发生了一次电子暴。天空中耀眼的白光像镁光灯一样，使人目眩。更令人奇怪的是，地震前后都有人发现，室内的日光灯"无缘无故"地自动闪烁。科学工作者也测到了电离层中电子密集度达到了顶峰。

早在 1961 年，日本学者安井丰等研究地光时，就注意到了大气电场的问题，后来他研究了日本、美国等地的地震发光现象。于 1972 年提出了"地光现象是地震时剧烈的低层大气振荡"的看法。他认为：在地震区常会有以氧为主要成分的放射性物质，被从地里"抖"到大气中。特别在含有较多的放射性物质中、酸性岩石分布区和断层附近，大气中的氡含量将有显著提高，这也将大气离子化增强，导电率增加。如果这时地面存在一个天然电场（这个电场可以由压电效应产生），那么就会发生向空中的大规模放电，使地光闪烁起来。大面积放电和氡蜕变时放出的射线都有可能激发荧光，使日光灯管闪亮。

另外，也有人用压电效应理论来解释地光。物理学的实验发现，许多晶体在受到挤压拉伸时，会在两个平面上产生相反的电荷，称为"压电效应"。压电石英就是一种具有压电效应的晶体。如果沿着石英晶体的垂直轴切制一个薄片，并沿薄片厚度的方向施加一定压力，这时薄片的两个受压面将产生不同的电荷，且电荷的密度与压力成正比。

美国的科学工作者为揭开地光之谜作了大量的研究工作，已迈出了重要的一步。据报道，他们在实验室里对圆柱状的花岗岩、玄武岩、煤、大理石等多种试样，进行压缩破裂实验时发现，当压力足够大时，这些试样会爆炸性地碎裂，并在几毫秒内释放出一股电子流。正是这股电子流，激发周围的气体分子，使它们发出微弱的光亮。当石英在地壳岩层中作有规律排列时，如果沿长轴排列的石英晶体的总长度，相当于地震波的波长时，就会产生地震等压电效应。若地震压力的压强为 30～300 帕，就有可能产生 500～50000 伏/厘米^2 的平均电场，这个电场足以引起闪电那样的低空放电现象，产生地光。

探寻 UFO 飞行原理

人类进行宇宙探索过程中，所碰到的最大困难之一，就是能源障碍。我们人类在不同的历史发展阶段，用不同的方法获得能源。获取能源的不同方法正与人类文明不同的发展水平相适应。科学发展史告诉我们，对微观世界研究得愈深入，人类所获取的能源也愈经济、愈强大、愈充足。如今我们如果要得到比原子能更为经济和更为强大的能源，那唯一的途径只能是研究微观世界更深层的结构。地球人类对原子及原子核层次物质结构的研究已取得了丰硕的成果。更深一层的研究，应该在物质结构的哪一个层次上来进行呢？科学家认为，应从基本粒子着手。

我们一般所谓的基本粒子事实上并不基本，而是自然界中更为深层过程的产物，夸克就是构成这种基本粒子的更小单位。在未激状态中，夸克场在量子物理中被科学家称为物理真空，亦即空虚的宇宙空间。所谓真空，并不是传统意义上的空无所有。把真空理解为空无所有，那仅仅是人们对"真空"一词所作的庸俗化解释而已。事实上，真空本身就是一种物理介质，如果把外部的能量施于真空，或者用重力场使其变形，那么从真空中就会产生出真实的粒子，而且进而使真空具有独特的能量。科学家在极为精确的实验中，已经发现了真空的这一特性。有些科学家已经预言，随着科技水平的不断提高，及微观世界深层结构奥秘的不断揭示，我们应该对空间和时间的基本概念重新进行审查，而一些以前和现在我们无法加以想象的现象也即将成为人们无法否认的事实。

有人提出了一种崭新的理论模式，根据这种模式，真空中存在着不受限制的内部能源，它以我们目前还无法了解的自身重力进行代偿。银河核、类星体及宇宙本身爆炸就是这种真空能的表现形式。如果这一理论模式是正确的，那么为了探究真空能之谜，就得深入到微观世界的更深处。自然规律对于整个宇宙来说都是相同的，高度发达的球外文明，正是在深入到微观世界的基础上洞察了真空能的奥秘，用它来武装飞碟。他们的宇宙飞船在茫无际涯的宇空中漫游时，从周围不断地汲取原动力，因此能作超越我们地球人想象的超远、超高速运动。

目前所观察到的大量事实证明，飞碟不仅有高速飞行的惊人能力，同时又能克服加速飞行时所产生的超重障碍。正是宇宙中普遍存在的惯性力引起了超重，要抵消这种异乎寻常的超重力，就得依靠处于同飞行相反方向的某些巨大天体所产生的巨大引力。但使人担忧的是，引力场是所有物理场中最弱的场，整个地球所产生的引力，也仅有用来抵消自由落体的惯性力那么大。

在微观世界的深处，我们目前关于引力本质的认识已经历了根本性的变

化，外星人在那儿已经找到了一个能产生强大重力场的新机制，并且人为地设立了一个"大场"，正是依靠这种对我们来说还完全是幻想式的重力场机制，来克服超重的困难。飞碟给人类的启示的确是十分巨大的，现在某些科学家正在研究这种"大场"。

飞碟能以超光速飞行，这是部分飞碟学家的设想。这究竟是否可能呢？要解决这一使人感兴趣的问题，人们首先面临的问题是宇宙中有没有以超光速运动的物质。

20 世纪物理学领域中最伟大的成就之一，就是发现了光速在任何自然环境之中都恒定不变。它同光源的运动速度或光接收器运动的速度都没有关系。按照爱因斯坦的相对论原理，光速是自然界中传递任何物理相互作用的极限速度。可是在若干年前，天文物理学家却发现了一个十分神奇的现象：一个类星体正以超光速把大量的物质抛入宇宙中去，同时释放出巨大的能量。这一发现曾轰动了整个天文学界及物理学界。但事后却证实，那是因观测及计算不精确所造成的错误。可是这一错误的观测结果，却成了一个巨大的推动力，促使物理理论工作者提出了一个十分严肃的问题：宇宙中是否存在着以超光速运动的物质。人们把这一假想中物质称为高速物质。

在原则上，以超光速运动是完全可能的。物理大师爱因斯坦所创立的相对论，在逻辑上也允许存在两个世界：一是我们目前所处的慢速世界，即以不超过光速运动的世界；一是快速世界，即以超光速运动的世界。

从整体上来看，高速物质的主要特点在我们慢速世界里无法发现。它们以一种任何力量都无法超越的界线，把我们同它们相隔离，并且永远不同我们发生任何关系。高速世界是组成我们慢速世界的基本粒子的独特对应体，它们所积聚的能量不是随速度的提高而增加，而是随速度的提高而减少。这是一种十分奇特的物理现象。在慢速世界中零点能同静止状态相适应。理论计算表明，物质以接近光速或以光速运动时所要消耗的能将达到无限，可是在这想象的快速世界中，零点能同无限高速运动相联系，一旦速度减慢到接近光速时，能量会骤然增加，以至达到无穷，正如在慢速世界中一样。因此，无限的能源障碍，也把我们的慢速世界同快速世界截然隔开。从快速世界进入慢速世界时到底是怎样越过这一障碍的呢？

周围世界远比我们所习惯的要复杂得多，尽管高速物质目前还仅仅是个假设，但我们不能排除这样的可能性，随着人类知识水平的提高，在世界科学五彩缤纷的图景中，令人惊叹不已的超光速物质会占它自己应有的一席之地。

知识点

夸 克

夸克是基本粒子的一种，20 世纪 60 年代，美国物理学家默里·盖尔曼和 G. 茨威格各自独立提出了中子、质子这一类构成物质基本粒子的微粒是由夸克组成的。质子由两个上夸克和一个下夸克组成，中子是由两个下夸克和一个上夸克组成。

类 星 体

类星体是一类在极其遥远距离外观测到的高光度和强射电的天体。类星体比星系小很多，但是释放的能量却是星系的千倍以上，类星体的超常亮度使其光能在 100 亿光年以外的距离处被观测到。据推测，在 100 亿年前，类星体比现在数量更多，光度更大。类星体与脉冲星、微波背景辐射和星际有机分子一道并称为 20 世纪 60 年代天文学"四大发现"。

延伸阅读

人类期望与 UFO 交往

根据美国当局在 1997 年进行的一次民意测验显示，68% 的人相信确有 UFO 存在，而有 32% 的人却认为纯系子虚乌有的事。

　　众所周知，在宇宙中至少有 1000 亿个银河系大小的星系，而银河系本身又有 2000 亿个太阳系。因此，其中极有可能会有与地球环境相似的星球，那么，那些星球上也应该同地球一样有着智慧生物。当然，并不是所有的外星智慧生物都能借助飞行器到达地球，但起码有少数外星球的智慧生物能做到这一点。外星人造访地球当然有许多难题，那就是银河系中离我们最近的仙女座 M－31 河外星系也有 200 万光年左右。假如真的曾有外星人乘 UFO 来过地球，那么他们即使用光速飞行，时间也还是太长。除非 UFO 速度是光速的 100 倍，但实际上这都是不可能的，尤其是后一点更让人难以置信，因为目前最快的宇宙飞船也只能是声速的 2 倍，还不及光速的 1/1000。况且，超光速造成的一个致命危险是"刹不住"，即很容易与其他星球发生对撞，如此快的速度很容易导致双方同归于尽，就像两辆全速对驶的赛车相撞一样恐怖。

　　但是，尽管如此，依据爱因斯坦的相对论，这种超光速飞行在理论上仍然是可能的。因为当 UFO 或宇宙飞船的速度接近或超过光速时，UFO 内流逝的时间便比正常时间慢出许多，而且 UFO 速度越接近或超越光速，其内部时间就流逝得越慢。就像传说中的"天上一日，人间一年"，在超光速的 UFO 内待上一天，在人间则已是百年千年以上。

　　也正是基于这一点认识，美国前总统吉米·卡特——一个狂热的 UFO 迷在他任总统期间，曾拨出近亿美元的巨资，建成一个"地球－外星人"联络中心，并于 1977 年向天外发射了一艘无人驾驶的"旅行者"号智能宇宙飞船。在飞船上，不仅标出了地球的位置，还特意画出了男人与女人的全身图，并伴有 28 首世界各地的名曲（其中包括中国 2 首古曲）。卡特的一段话也用 5 国语言录制了下来："这是来自一个遥远的小型世界的礼物，是我们的声音、我们的科学、我们的意念、我们的音乐、我们的思考和我们的情感的象征。我们正努力延续时光，以期能与你们的时光共融。我们希望有朝一日在解决了所面临的困难之后，能置身于银河文明世界的共同体中。这份信息把我们的希望、我们的决心和我们的亲善传遍广袤而又令人敬畏的宇宙。"

　　对于卡特总统所做的这一切，许多人都以为是痴人说梦，因为该飞船的速度并不比音速快多少，这样的速度，要飞出太阳系都须千年以上，更何况要飞越整个银河系了。但支持者仍然持乐观态度，说不定恰好有一群外星人驾着

UFO 碰见了该飞船呢。

持怀疑态度的科学家认为：假如外星人能自由出入大气层，能实现惊人的飞行速度，征服时间和空间，那就说明他们的科技已达到了无所不能的地步，那么他们为什么不以更方便更有效的方式与人类联系呢？

对 UFO 基地的猜想

在太阳系上

人们在许多年以来，就幻想着火星人的存在，在一些飞碟案中，外星人也称自己来自火星，所以有人干脆把外星人称做"火星人"。

研究表明，在许久许久以前，火星的自然环境与地球是极为相似的，是有生命存在的。后来，火星的自然环境不断恶化，现在它的空气极为稀薄，而且以二氧化碳为主，地表十分干燥，其赤道地区年平均气温为零下 15 摄氏度，显然人类已无法在火星表面生活，但在火星地下呢？那里是否存在高级智能生命体呢？外星人是否把火星作为星际飞行的基地呢？现在还不能对这些问题作出解答，但许多现象却值得人们去深思。

火星上有许多建筑物似乎应当肯定。美国加利福尼亚州和马萨诸塞州的一些火星研究专家，将他们从旧资料堆中偶然发现的一组火星照片在报纸上公开发表。这些照片是 1976 年"海盗一号"和"海盗二号"，在飞临火星上空时拍摄的，当时因照片实在太多，无法一一处理而被积压下来。在这些多年前拍摄的火星照片上，人们可以看到一尊石头人像（眼、鼻、口乃至头发都清楚可辨）、一座高耸的金字塔、一片片类似城市的废墟遗迹。

在一次记者招待会上，美国 NASA（国家航空航天局）艾姆斯研究中心的火星研究专家曾经说过："火星上的水，比一般人一度所认为的要多得多，而且火星上仍存在类似地球上的季节变化。"有足够的水存在，自然也就极可能存在生物。对此，瑞士物理学家马素·比索夫博士曾经说过，早在 1976 年美国"海盗一号"在火星降落时，就发现上面有人工水道的痕迹。

火星上存在生命，以前还存在过高度的文明，这应是勿需争议的事实。现在，火星表面没有人居住，但在地表以下是否还住有外星人呢？他们有着高度发展的文明，他们完全可能在密闭的地下人造环境中继续生存。

在火星周围经常有飞碟出没，这是否意味着，飞临地球的飞碟有的就直接来自火星？至少，外星人把火星作为他们的星际考察的基地是完全可能的。

另一个引起我们关注的太阳系的行星是木星。法国科学家弗朗西斯·马齐埃在其所著的《神奇的复活节岛》中说过："木星居民已经解决了协调各行星的问题。"他不仅认为木星有居民存在，而且认为他们的文明已发展到十分先进的程度。

美国加利福尼亚艾姆斯研究中心的宇宙生物学家们，经过认真的研究后曾经指出："木星很可能住有生物，而且密度过大。科学家们在实验室里对已知的木星表面条件作了生命发展的模拟试验，结果表明木星上很可能住有极为发达的生命体，它们具有无线电仪器，能够发射我们可以接收到的信号。"

大多数射电天文学家指出，木星一直有规律地发射着无线电脉冲信号，其中有一些脉冲的强度可同太阳发射的波相比。现在，在地球上很容易接收这些脉冲信号，但却无法将之破译。随着电子计算机的不断进步和完善，或许不用多久，我们就可以破译这些脉冲信号而真正揭开其奥秘了。

人们最早关注的外星世界首推月球。当人们还不明白月球是地球的卫星的时候，中国就有了"嫦娥奔月"的美丽而动人的传说，但近代科学却告诉人们，月球仅是一个死寂荒凉的世界，它不可能存在生命。自从16世纪以来，天文学家们就记下了许多有关月球的令人不解的现象，特别是20世纪60年代以来，人们不仅发射了许多宇宙探测器对月球进行探测、拍照，而且地球人还亲自登上了月球。人们终于发现了月球的许多秘密，不得不重新认识月球。

美国在执行"阿波罗'计划过程中，大量可靠的照片及宇航员的目击记录，以无可辩驳的事实证明了月球上有大量的 UFO 存在，有的简直大得不可思议。不管你承认与否，月球可能就是一个名符其实的外星人飞碟基地。

在地球上

许多飞碟研究者认为，如果外星人在地球上有飞碟基地的话，那么，除去

美国空军 1972 年在新墨西哥州沙漠拍下的飞碟图片

海洋之外，戈壁沙漠是外星人飞碟的理想基地。法国著名飞碟学家享利·迪朗在《外星人的足迹》中曾经说过："大量的事实表明，戈壁沙漠和天山山脉，几乎人烟绝迹，都是飞碟降落的好地方。一群德国学生和去内蒙古的许多旅游者，都曾目击过飞碟在那里频繁降落。可以肯定，戈壁滩是飞碟的一个理想的基地。"

1979 年 9 月 20 日深夜 1 时许，新疆某农场技术员在乘凉时，偶然发现天空有一个状如满月的橘红色的飞行物，比月亮稍小，边缘十分整齐，飞速极快，两三分钟后消失在西方地平线下。它不是飞机，飞机不会无声无息，形状也相差太多；也不可能是气球，气球不可能有超过音速若干倍的速度。且当晚刮西南微风，气球也不会逆风飞行。这个农场距"死亡之海"的塔克拉玛干大沙漠仅几十千米。

人们在戈壁周围的奇台、阿勒泰地区都曾多次发现不明飞行物，这证明，在中国的西北沙漠地区，常有 UFO 出没。

从大量的飞碟着陆案可以看出，外星人降临地球的主要目的，是对地球的一切进行全面考察和采集各种标本，他们常常对地球人是主动回避的，他们还不想与地球人公开交往。鉴于此，如果他们真要在地球上建立永久性基地的

话，占地球面积70%的广袤水域正是最理想不过的地方。

在不少的飞碟案中，人们都曾看见过飞碟从海洋中飞出或从高空直接钻入海中。

在世界的各个海域都有飞碟出没，其中飞碟出现最为频繁的当数百慕大三角区，许多军用和民航机的驾驶员，海军和民船的水手、渔民、记者、研究人员，都在这里的海域或空中目击过各种各样的飞碟。在百慕大三角地区，不仅已有数以百计的各种飞机、船舰，在状态极为良好的情况下，眨眼之间不留痕迹地消失得无影无踪，而且美国发射的三枚带弹头的火箭，也莫名其妙地掉进了百慕大三角海区，可是谁也测不出火箭坠落的精确位置，自然也就无法打捞。

在百慕大三角区水下，人们已经发现了不少的人工建筑和两座巨大的金字塔，这显然不是生活在地球陆地上的人们所为。在这个水域，除了有所谓"幽灵潜艇"出没之外，人们还发现过一些无法解释的东西。如1966年9月，一个名叫马丁·梅拉克的探宝者，在离佛罗里达海岸数千米的12米深的海水中，看见停着一个形如火箭的东西。梅拉克立即向军队作了报告。9月27日，梅拉克陪同两名海军潜水员，再次来到这里，成功地找到了那个物体，并把它送到美国海军部。可是，就连美国最优秀的专家们，也不知道那是什么东西，但可以肯定那个物体不是地球人制造的。

一些飞碟专寨，经过长期的分析研究后，终于得出了这样的结论：如果说广阔的海洋是外星人地球上理想的基地的话，那么百慕大三角区就是基地的总部。

知识点

脉 冲

物理学上，脉冲的定义为：在短时间内突变，随后又迅速返回其初始值的物理量。脉冲有间隔性的特征，因此可以把脉冲作为一种信号，如声脉冲。脉冲信号是指瞬间突然变化，作用时间极短的电压或电流，如电源脉冲。

延伸阅读

生活在地球上的火星人后裔

1987 年，瑞典科学家希莱·温斯罗夫与另外六名科学家，在扎伊尔东部的原始森林里，意外地发现了一个与世隔绝的部落，这些人自称是火星人的后裔。经过努力，"火星人"后裔终于改变了对科学家们的敌视、冷漠态度，接待了他们。科学家们怀着惊叹的心情参观了一艘银白色的半月形飞船残骸，它已经锈迹斑斑了。显然，这就是当初火星人从火星到地球的星际交通工具。火星人后裔还拿出他们珍藏多年的太阳系和火星的详细地图。

这些人告诉温斯罗夫，1829 年，火星上发生了一场大瘟疫，为了躲避致命的病毒，25 名火星人乘飞船飞抵地球，一百多年过去了，至今仍有人健在，部落已发展到 50 多人。他们皮肤黝黑，眼睛为白色但没有眼球，能用流利的英语和瑞典语与科学家们交谈。他们对圆形特别感兴趣，无论房屋、摆设，还是工具，大多是圆形。

这些"火星人"说，他们已无法飞回火星，希望地球人不要干预他们的生活，他们将永远在地球上生活下去。

科学家对 UFO 的看法

世界上第一个亲自研究 UFO 的科学家是海尔曼·奥伯特博士，他被誉为"宇宙航行法之父"，是建立现代火箭理论基础的伟大科学家。他受德国政府之托，从 1953 年起的 3 年内，在约 7 万件目击报告中选出最可信赖的 800 件，从中推算 UFO 的航空工程性能，并得出这样的结论："科学可以把不可能和不能证实的问题看做可能，为了说明观察事实，必须有效地考虑作业假说。在已有作业假说中，UFO 是地外智慧生命操纵的飞行物，最适合观察事实。"

法国天文学家、计算机学家贾克·瓦莱博士（曾为美国斯坦福大学教授），1954 年对从西欧到中东集中发生的 200 件以上的着陆搭乘目击事件，进行统计分析（他是第一个用统计学手法研究 UFO 的科学家），结果发现很多推翻否定论"法则性"根据的东西。如目击事件与人口密度成反比，这和人口越多越易产生集团幻觉说相反；目击事件发生在日常生活中，且目击者无性别、年龄、职业和学历方面的偏颇，这和幻觉与病态妄想说相矛盾；从着陆痕迹测定或从状况推测的 UFO 的直径，都为 5 米左右，这暗含 UFO 现象与其说是心理的，不如说是物理的；目击的时刻分布显示着存在智慧控制。

1966 年，瓦莱博士在公布他的研究成果时说："只要不拒绝把 UFO 作为空中物体来研究，那么不把 UFO 着陆的报道作为研究对象是没有道理的。只要承认有被智慧控制的可能性，就没有理由否定 UFO 着陆和搭乘员降落的可能性。"

目击过 UFO 的科学家有很多。较早的是著名天文学家、冥王星的发现者克·汤博。1979 年 8 月 20 日，他和妻子、岳母在新墨西哥州拉斯克鲁塞斯的住宅之外看到"6~8 个长方形的绿光群"，"这是在夜空模糊地浮现出轮廓的巨大船体的舷窗，随着远去，逐渐变小，最后消失。如果这是地面上某个物体的反射物，同样的现象应该频繁出现。我经常在自家庭院进行天文观测，但这样的现象也仅在那个时候见过一次。"

1973 年，斯坦福大学等离子体研究所的物理学家斯塔洛克，以全美职业天文学家为对象进行调查，在 1356 位回答者中，有 56% 的人持肯定态度，认为"值得进行科学研究"，有 4.6% 即 62 人"亲眼见过 UFO"。如新墨西州萨克拉门托峰天文台一个台员说，1974 年 10 月 11 日傍晚，"我驾驶的小型卡车在山道上蜿蜒行驶，突然与前方上空水平飞行的 UFO 相遇，引擎停车，卡车不能前进。这是个圆盘形物体。接着，它突然在垂直方向加速，几秒钟内变小、消失。此时车子恢复正常"。

1979 年，产业科学的专业杂志《工业调查》（92% 的读者具有博士、硕士或学士学位），对整个科学技术界进行调查，有 1200 名读者寄回调查卡片，其中"目击过 UFO"的占 8%，"见过类似 UFO 的东西"的占 10%，回答"UFO 确实存在"和"多半存在"的读者共占 61%，44% 的读者认为"UFO 来自太空"。

UFO 研究中的主要流派的根本观点是：地球之外存在智慧生物，而 UFO 就是这一观点最现实的证据。但是，由于近几年来，UFO 虽然仍在不断出现，而人们却没有充分证据来证明 UFO 就是外星智慧生物的宇宙飞船，因而一度使 UFO 研究陷入窘境，甚至有的主张以上观点的 UFO 专家的信心也开始动摇，认为 UFO 研究已经步入歧途。UFO 研究真的步入歧途了吗？回答是否定的。

相信在不久的将来，人类定能将这一谜团彻底揭开。

知识点

等离子体

等离子体又叫做电浆，是由部分电子被剥夺后的原子及原子被电离后产生的正负电子组成的离子化气体状物质，等离子体广泛存在于宇宙中，常被视为是除去固、液、气外，物质存在的第四态。等离子体可分为高温等离子体和低温等离子体。高温等离子体只有在温度足够高时发生，太阳和恒星不断地发出这种等离子体。低温等离子体则广泛运用于多种生产领域。

延伸阅读

对失事 UFO 的研究

1948 年 3 月 25 日上午 8 点左右，一个银光闪闪的圆盘形 UFO 突然出现在美国新墨西哥州的奥德克市上空。令人奇怪的是，它在空中剧烈抖动几下后，一头扎向了东北方向。但在当时，附近的地面雷达却莫名其妙地全部失灵，捕捉不到任何信息。

消息迅速传到美国当时的国务卿马尔萨勒将军那里，他立即组织了一个行动小组，主要任务是秘密回收该 UFO，并将其运往专门机构进行研究。

几个小时后，行动小组在奥德克市东北找到了目标——一个直径 30 多米的银白色金属圆盘半倾斜地躺在地上。

随同而来的几名科学家对 UFO 外壳采用各种方法进行了研究，得到的是一个惊人的结论：UFO 外壳是用一种地球上无法达到的高熔点轻金属制成的，它虽轻如泡沫材料，却坚如钻石，并能耐受 10000℃ 以上的高温。接着，科学家们又对 UFO 形体进行了研究：这是一个平心轮式的 UFO，由许多大小金属环依次相连而成。上面找不到一颗铆钉或螺丝，甚至连一点焊接过的痕迹也没有。而在地球人类当时的条件下，根本无法制造出这种奇特的飞行器。

行动小组费了好大功夫才找到 UFO 的舷窗，他们用随身带的大威力步枪射了十几枪，才把一个窗户打出了一个小洞，里面顿时冒出了一股难闻的气体。又费了很大劲后，一个可容人体进出的洞才被弄开，两名科学家戴着防毒面具爬了进去。他们把里面的一排排闪光按钮按了半天，才找到了暗门开关，入口才被打开。

在 UFO 内部，人们看到了一个自动驾驶仪，它由许多精密部件组成，与主体紧紧相连。他们在 UFO 上还找到了一本"书"，它是由像牛皮纸一样坚硬的类似塑料的书页制成的，书中印着许多离奇古怪的文字，很像梵文，但没人看得懂。

　　尤其令科学家们欣喜不已的是，UFO 内竟有 14 具穿着"皮衣"的外星人的尸体！这些外星人身高在 90～110 厘米之间，体重都在 18 千克左右。其面部特征极像蒙古族人，长着一个与瘦小身体极不相称的大脑壳，鼻子与嘴巴很小，蓝色的眼睛却睁得很大。他们的颈部很细，四肢瘦长，脚上和手上都长着类似鸭脚一样的蹼。在后来的生理解剖中还发现，这些外星人根本没有消化系统，没有胃和肠道，没有直肠和肛门，甚至也没有发现生殖器官。

　　接着，在进一步解剖研究中，科学家们惊讶地发现，外星人具有比地球人更为发达的淋巴系统，而且，他们的细胞重量小得惊人，地球人的是他们的几倍以上。通过这一切，科学家们认为过去的遗传学理论将面临一场新的挑战。